Hariom Sharma
Moni Thomas

Produção de Rangeeni lac em Palas (Butea monosperma)

Hariom Sharma
Moni Thomas

Produção de Rangeeni lac em Palas (Butea monosperma)

ScienciaScripts

Imprint

Any brand names and product names mentioned in this book are subject to trademark, brand or patent protection and are trademarks or registered trademarks of their respective holders. The use of brand names, product names, common names, trade names, product descriptions etc. even without a particular marking in this work is in no way to be construed to mean that such names may be regarded as unrestricted in respect of trademark and brand protection legislation and could thus be used by anyone.

Cover image: www.ingimage.com

This book is a translation from the original published under ISBN 978-3-659-85960-1.

Publisher:
Sciencia Scripts
is a trademark of
Dodo Books Indian Ocean Ltd. and OmniScriptum S.R.L publishing group

120 High Road, East Finchley, London, N2 9ED, United Kingdom
Str. Armeneasca 28/1, office 1, Chisinau MD-2012, Republic of Moldova, Europe
Printed at: see last page
ISBN: 978-620-8-32836-8

Índice

CAPÍTULO 1

INTRODUÇÃO

Os alimentadores de seiva de um grande grupo de insectos da ordem hemptera causam danos graves às plantas (Paul, 2007). Este grupo é também designado por alimentadores de floema e extraem a seiva do floema (Kehr, 2006). Os metabolitos primários e secundários, o açúcar, os aminoácidos, os minerais e as vitaminas são transportados para o centro de crescimento (Aldesuquy e Ibrahim 2000) e armazenados. Assim, quaisquer perdas de seiva do floema resultam na perda de vigor e de rendimento das plantas (Samih et al, 2005). O crescimento das plantas depende em grande medida da disponibilidade de nutrientes (Oskarsson et al., 1995).

Os micronutrientes desempenham um papel vital no crescimento das plantas, especialmente o zinco e o boro. O zinco é necessário para a síntese da harmona de crescimento ácido indole-acético, também acelera a síntese de proteínas (Marschner 1986) e estimula a fosfolização e as enzimas dos plastídeos verdes (Marschner, 1995; Cakmak et al., 1989 Pedler et al., 2000;). Na seiva do floema, o zinco forma complexos com ácidos orgânicos de baixo peso molecular, aumentando a sua concentração (Kochian, 1991). As plantas necessitam de B para a síntese de aminoácidos, proteínas e regulação do metabolismo dos hidratos de carbono (Dyar e Webb, 1961).

A sobrevivência dos alimentadores de seiva depende do fornecimento de alimento (Cook e Denno. 1994). A seiva do floema é uma fonte de alimento extrema que é utilizada como dieta dominante ou única de muito poucos animais, especificamente insectos da ordem Hemiptera, incluindo afídeos, mosca branca, fungos de plantas e alguns insectos pentatomídeos (Douglas 2003). O alimentador de floema reduz o vigor da sua planta hospedeira (Cottam, 1985). Mas também afecta negativamente o seu perfil de azoto aminado (Wellings e Dixon, 1987), por outro lado, uma má nutrição das plantas pode ter efeitos adversos no desempenho e na aptidão dos alimentadores de seiva (Cook e Denno, 1994). Os aminoácidos essenciais presentes na seiva das plantas são essenciais para o crescimento e a reprodução dos afídeos (Embden, 1973).

A variação nas concentrações dietéticas de aminoácidos e sacarose afecta o crescimento, a sobrevivência e a reprodução dos afídeos (Klingauf, 1987).

Assim, o zinco é um micronutriente essencial para as plantas superiores (Warington, 1923); tem um papel importante no transporte de açúcar, na síntese e estrutura da parede celular, na lenhificação, no metabolismo dos hidratos de carbono, no ácido indol-acético, no metabolismo do RNA do fenol, na respiração e no transporte da membrana (Parr e Loughman, 1983). Foi relatado que a aplicação de boro aumenta o rendimento e o crescimento da cultura do algodão (Malik et al., 1992;)

e a sua deficiência prejudica o crescimento das plantas através da redução da translocação de fotossintatos através dos feixes vasculares dos pecíolos, causando um crescimento atrofiado e um desenvolvimento reprodutivo anormal (Blevins e Lukaszewski, 1998).

A aplicação de azoto não só aumenta a incidência de pragas de insectos (Bi et al., 2001) e a densidade de alimentadores de seiva (Cheng, 1971), mas também a oviposição, a longevidade e a aptidão geral de certas pragas (Jhan, 2004; Jhan et al, 2005). O azoto aumenta os aminoácidos do floema, como os ácidos aspártico e glutâmico, que são estimulantes da alimentação (Sogawa, 1982). A quantidade total de aminoácidos presentes na seiva do floema é baixa; assim, os aminoácidos são um fator limitante para o crescimento dos afídeos (Dixon e Kindmann, 1998). Os açúcares do floema são a principal fonte de carbono e combustível respiratório para os alimentadores do floema e a sua reação aos açúcares do floema é fisiologicamente complexa, envolvendo componentes nutricionais, osmorreguladores e comportamentais (Rhodes et al 1996). A seiva do floema é uma importante fonte de insectos da ordem Hemiptera (Douglas, 2003).

O inseto Lac, Kerria lacca (Ker) é também um alimentador do floema, pertencente à ordem Hemiptera, subordem Homoptera, super família Coccoidea e família Lacciferidae. Possui peças bucais do tipo perfurante e sugador, que sugam a seiva das plantas, no processo em que o inseto segrega a substância resinosa dos seus três pares de glândulas lacrimais altamente especializadas (Colton, 1984.) A lacraia é um produto florestal menor, produzido pelo inseto lacraia - Kerria lacca - enquanto se alimenta das suas árvores hospedeiras (Ogle e Thomas, 2006), servindo também como cultura de rendimento para os dependentes da floresta e para a comunidade tribal em M. P. (Ogle e Thomas, 2006).Ramani (2011) referiu que existem 12 estados produtores de lac na Índia, nomeadamente Andhra Pradesh, Assam, Bihar, Chhattisgarh, Gujarat, Jharkhand, Madhya Pradesh, Maharashtra, Meghalaya, Orissa, Uttar Pradesh e Bengala Ocidental.

Cerca de três a quatro milhões de pessoas estão direta ou indiretamente envolvidas na produção, transformação e comércio de lacticínios (Rao e Singh, 1990).

Ogle e Thomas (2006) referiram que a Índia é o maior produtor de lac, com uma quota de 62% da produção mundial de 44 000 toneladas métricas. O país ganhou divisas no valor de Rs. 15 262 lakhs.

Choudhary at el. (1982) referiu que mais de 400 espécies de plantas foram suportadas por insectos lacustres; vários atributos biológicos, tais como a sobrevivência, a produção de resina e a fecundidade, diferem muito com as espécies hospedeiras.

Sharma et al. (2001), a cultura da laca em Palash sempre colocou problemas, em especial nas regiões hospedeiras, no verão, com ventos fortes e secos. Isto pode levar a uma mortalidade de 80-90 % dos insectos da cultura da laca de Baisakhi.

A aplicação de nutrientes às plantas não só aumenta o seu crescimento mas também a alimentação do floema é um facto científico estabelecido (Embden 1973). Por conseguinte, qualquer aplicação de nutrientes à árvore hospedeira do inseto da laca é suscetível de aumentar o crescimento da árvore hospedeira e a produtividade da laca. É necessário validar este acordo, uma vez que quaisquer resultados positivos não só conservarão a árvore hospedeira, como também beneficiarão economicamente os produtores de laca, geralmente um grupo desfavorecido.

O Madhya Pradesh é o terceiro maior produtor de lacticínios da Índia (Ogle e Thomas 2006), enquanto o bloco de Barghat do distrito de Seoni no estado é o maior bloco de produtividade de lacticínios da Índia (comunicação pessoal de Thomas). O bloco, com mais de 18 000 produtores de lacticínios, depende da lacticultura para superar o seu período anual de stress prolongado, de novembro a junho-julho. O aumento da produtividade e a saúde sustentável das árvores hospedeiras de K. lacca são factores críticos, que nunca antes foram focados.

Por conseguinte, foi planeada a presente investigação intitulada **"Estudo do efeito da aplicação de boro, zinco e ácido húmico em** Butea monosperma **no desempenho de *Rangeeni* lac"**, com os seguintes objectivos

1. Efeito de diferentes tratamentos (Boro, Zinco e Ácido Húmico) na colonização de insectos da laca
2. Efeito de diferentes tratamentos (boro, zinco e ácido húmico) no rendimento de lacticínios

CAPÍTULO 2

REVISÃO DA LITERATURA

A literatura científica analisada para o presente **trabalho "Estudo sobre o efeito da aplicação de boro, zinco e ácido húmico em** Butea monosperma **no desempenho de *Rangeeni* lac*"**, nas respectivas subdivisões, é a **seguinte**

2.1 Lac em geral

Choudhary at el. (1982) referiu que mais de 400 espécies de plantas foram suportadas por insectos lacustres; vários atributos biológicos, tais como a sobrevivência, a produção de resina e a fecundidade, diferem muito com as espécies hospedeiras.

Colton (1984) relatou que o inseto lacticida, Kerria lacca, é uma dádiva valiosa da natureza para a humanidade e pertence à ordem Hemiptera, subordem Homoptera, super família Coccoidea e família Lacciferidae. K. lacca possui peças bucais do tipo perfurante e sugador que sugam a seiva das plantas, no processo em que o inseto segrega substância resinosa dos seus três pares de glândulas lacrimais altamente especializadas.

Sharma et al. (2001), a cultura da rendeira em Palash sempre levantou problemas, sobretudo nas regiões quentes do verão, com ventos fortes e secos. Isto pode levar a uma mortalidade de 80-90 % dos insectos da cultura de Baisakhi.

Ogle e Thomas (2006) referiram que a Índia é o maior produtor de lac, com uma quota de 62 por cento da produção mundial de 44 000 toneladas métricas. O país ganhou divisas no valor de Rs. 15.262 lakhs.

Ramani (2011) referiu que existem 12 estados produtores de lacticínios na Índia, nomeadamente Andhra Pradesh, Assam, Bihar, Chhattisgarh, Gujarat, Jharkhand, Madhya Pradesh, Maharashtra, Meghalaya, Orissa, Uttar Pradesh e Bengala Ocidental.

De acordo com Jaiswal e Sharma (2011), a primeira muda ocorre normalmente após 3 semanas na cultura de Katki e 7 semanas no caso da cultura de Baisakhi lac, após o assentamento do rebento. O mesmo acontece com as culturas Aghani e Jethwi de Kusmi lac.

Jaiswal, 2011, Bhattacharya, 2013 também referiram a existência de 400 plantas hospedeiras em K. lacca. A cultura Baishaki de Rangeeni lac é a principal cultura de lacticínios em Seoni, produzida principalmente em Z. mauritiana. A Z. mauritiana é também hospedeira da estirpe Kusmi lacca. A cultura Aghani de Kusmi lac de julho a janeiro tem um bom desempenho em Z. mauritiana (Ghosal, 2009).

A produção anual de lac na Índia durante 2006-2007 foi de 14 020 toneladas métricas, tendo diminuído para 6 949 toneladas métricas durante o ano de 2010-2011 (Kumar e Das, 2012). Madhya Pradesh é o terceiro maior produtor de lac na Índia (Sharma e Jaiswal, 2011) e o distrito de Seoni é o maior produtor em MP (Thomas et al, 2010, Ramani et al. 2010). Em Seoni, a laceira é produzida comercialmente em Schleichera oleosa, Butea monosperma e Zizyphus mauritiana (Thomas, 2012).

Noutro trabalho, Jaiswal et al. (2013) referiram que o Madhya Pradesh contribuía com 16% da produção do país; no entanto, a taxa de crescimento durante o período de estudo foi negativa e na ordem dos 10,1% por ano. O distrito de Seoni contribuiu com o máximo de produção de lacticínios (41,6%), seguido de Balaghat (30,6%), Hosangabad (8,4%) e Mandla (7,0%). A taxa de crescimento por estirpe para todo o Estado mostrou que tanto a produção de Rangeeni como a de Kusmi lac registaram um crescimento negativo de 5,2 e 32,1 por cento por ano. A taxa de crescimento por cultura para o estado mostrou que Rangeeni-verão alcançou um crescimento positivo (12,1% por ano) enquanto Rangeeni-chuva registou um crescimento negativo (37,5%). Do mesmo modo, tanto a cultura de Kusmi - inverno como a de Kusmi - verão registaram uma taxa de crescimento negativa de 34,0 e 29,9 por cento por ano, respetivamente. A maior redução na produção de lacticínios deveu-se à perda da cultura chuvosa de Rangeeni, o que causou uma menor disponibilidade de crias para a estação seguinte. Assim, a diminuição da produção numa estação afectou indiretamente a produção da estação seguinte de lacticínios.

2.2 Gestão dos nutrientes

As plantas hospedeiras de insectos lacustres geralmente nunca são tratadas para a gestão de nutrientes. Por conseguinte, as presentes revisões têm como objetivo realçar a importância da gestão dos nutrientes das plantas hospedeiras.

Marschner (1995) referiu que se sabe que o estado de nutrição mineral influencia factores como o crescimento e o rendimento das plantas cultivadas, afectando alterações no padrão de crescimento, na morfologia e anatomia das plantas e, em particular, na composição química. Por exemplo, a espessura das células epidérmicas, o grau de lenhificação, as concentrações de açúcar, o teor de aminoácidos na seiva do floema e os níveis de compostos defensivos são todos influenciados pelo estado nutricional da planta e, por sua vez, afectam ou presume-se que afectem a resistência aos insectos.

Bungard et al. (1999) referiram que o azoto compreende sete por cento da matéria seca total das plantas e é um constituinte de muitos componentes celulares fundamentais, como os ácidos nucleicos, os aminoácidos, as enzimas e os pigmentos fotossintéticos.

Oskarsson et al (2006), bem como Dianda et al (2009), referiram que os nutrientes desempenham um papel importante no crescimento das plantas. Berg e Hamid, (1976) registaram uma resposta positiva da fertilização NPK ao crescimento da cultura do trigo.

Baidoo e Mochiah (2011) referiram que o aumento da aplicação de nutrientes aumenta o crescimento das plantas; no entanto, o crescimento pode tornar a planta mais atractiva para o ataque de pragas devido ao melhor crescimento das plantas que apoiam a sua sobrevivência e reprodução.

Nori et al. (2012) referiram que o azoto é o elemento mais crítico para o crescimento das plantas, o rendimento e a qualidade dos produtos nas culturas.

2.3 Nutrientes e insectos

A maior parte dos insectos que se alimentam de seiva são considerados pragas das culturas, enquanto que to K. lacca é um inseto benéfico que proporciona colheitas rentáveis. O crescimento de K. lacca depende do estado nutricional das suas plantas hospedeiras. No entanto, faltam trabalhos de investigação específicos sobre K. lacca e o estado nutricional das suas plantas hospedeiras. Por conseguinte, foram revistos trabalhos de investigação sobre o impacto do estado do hospedeiro e de outros alimentadores de seiva para compreender a relação.

Dadd e Krirger (1968) observaram que os aminoácidos são considerados essenciais para o crescimento e a reprodução dos afídeos.

Cheng (1971) e Sogawa (1970) observaram que as BPH em plantas com elevado teor de azoto apresentavam taxas de alimentação e excreção de melada mais elevadas.

Becker (1973) observou que a seiva do floema contém dois macronutrientes, aminoácidos e açúcares (geralmente sacarose) e as concentrações destes químicos na seiva do floema foram medidas em muitas plantas.

Cagamang et al (1974) observaram que as alterações induzidas nas plantas atacadas que reduzem a aptidão dos hospedeiros para os insectos que se alimentam mais tarde incluem a diminuição da disponibilidade de azoto e de hidratos de carbono.

Parry (1978) sugeriu que o teor de aminoácidos das árvores de abeto mudava com a estação e que os níveis sazonais de azoto solúvel da seiva estavam provavelmente associados à mortalidade ninfal e à determinação da morfologia de Adelges cooleyi, um adelgídeo indutor de galhas em abeto de Douglas Pseudotsuga menziesii.

Mcneill e Southwood (1978) observaram que a disponibilidade de azoto nos tecidos das plantas hospedeiras é considerada um fator limitante para muitos herbívoros, incluindo os que se alimentam de seiva.

Dyck et al (1979) observaram que o uso excessivo de fertilizantes azotados promovido pela Revolução Verde tinha sido considerado um fator chave na mudança da cigarrinha-das-pastagens

(BPH) Nilaparvata lugens de uma praga menor para uma praga maior

McCLure (1980) observou que um mecanismo provável pelo qual os herbívoros que se alimentam de seiva alteram a qualidade da planta hospedeira para os herbívoros subsequentes é através de uma mudança induzida na nutrição da planta.

Teetes (1980) observou que estudos anteriores indicam que as plantas com nutrientes suficientes são mais fortes, mais saudáveis e, em geral, mais capazes de compensar os danos causados por pragas do que as que sofrem de deficiências nutricionais.

Sogawa (1982) referiu que o azoto aumenta os aminoácidos do floema, como os ácidos aspártico e glutâmico, que são estimulantes da alimentação.

Fisher e Frame, (1984) observaram que a elevada concentração de sacarose na seiva do floema das plantas resulta numa pressão osmótica elevada e causa problemas aos afídeos na manutenção do equilíbrio hídrico e na aquisição dos níveis necessários de outros componentes da dieta.

Cottam (1985) referiu que os afídeos que se alimentam do floema, a mosca branca ou os insectos cochonilhas foram todos acusados de reduzir o vigor das suas plantas hospedeiras.

No seu estudo, Heinrichs e Medrano (1985) registaram que o número de BPH e o seu peso aumentaram quando alimentados com plantas hospedeiras em regimes de elevado azoto, enquanto que em regimes de baixo azoto foram reduzidos.

Scriber (1984) referiu que as plantas fornecem nutrientes aos insectos herbívoros; um aumento do teor de nutrientes da planta é suscetível de aumentar a sua aceitabilidade pelas populações de pragas.

Slansky e Scriber (1985) referiram que a alimentação para sobrevivência e desenvolvimento de herbívoros imaturos é o primeiro passo em todas as actividades fisiológicas, enquanto a oviposição é considerada como o fim da vida das fêmeas adultas.

Wellings e Dixon (1987) observaram que os alimentadores de floema afectam negativamente tanto o crescimento como o perfil de azoto aminado das suas plantas hospedeiras.

Schultz (1988) observou que a modificação da qualidade da planta hospedeira através da alimentação é um possível mecanismo subjacente à competição intra e interespecífica entre insectos herbívoros.

Campbell (1989) concluiu que os fertilizantes com elevado teor de azoto estimulavam os surtos de insectos homópteros, como as cigarrinhas e os afídeos.

Bhinde (1993) observou que baixos teores de azoto nas plantas aumentam a resistência das plantas contra as pragas, mas teores elevados de azoto provocam um crescimento vigoroso, com a consequente diminuição da resistência das plantas contra as pragas.

Douglas (1993) observou que as principais fontes de azoto dos afídeos são aminoácidos livres de composição desequilibrada, com concentrações muito baixas da maioria ou de todos os aminoácidos essenciais que os insectos e outros animais não conseguem sintetizar.

Cook e Denno (1994) referiram que as cigarrinhas em regimes de aplicação de elevado teor de azoto têm uma aptidão significativamente mais elevada, tal como referido por outros autores.

Bentz et al (1995) observaram que o aumento do nível de aplicação de azoto nas folhas de Poinsettia resultava num aumento do teor de azoto/proteínas nas folhas e estava positivamente correlacionado com o número de ovos postos por Bemisia argentifolii. Observaram também que as fêmeas de B. argentifolii estavam em grande número nas folhas jovens recém-emergidas e totalmente expandidas, em comparação com as folhas velhas não senescentes, o que tinha uma forte correlação com o elevado teor de azoto nesses tipos de folhas.

De-Kraker (1996) estudou o efeito do fertilizante N na flutuação populacional da lagarta-do-cartucho do arroz. A densidade de larvas da broca-do-arroz no nível mais alto de N foi oito vezes maior do que no nível zero de N, enquanto 5% a 35% era o intervalo das folhas danificadas. Encontraram uma correlação positiva entre o fertilizante N e o recrutamento de ovos e a sobrevivência das larvas.

Rhodes et al (1996) referiram que a resposta dos insectos que se alimentam do floema aos açúcares do floema é fisiologicamente complexa, envolvendo componentes nutricionais, osmorreguladoras e comportamentais. Os açúcares do floema são a principal fonte de carbono e combustível respiratório para estes insectos.

Li, et al. (1996) observaram que as taxas de sobrevivência das ninfas de cigarrinhas-das-pastagens estavam positivamente relacionadas com o teor de azoto, ao passo que a duração da ninfa diminuía com o aumento do teor de azoto. Sabe-se que as populações de cigarrinhas-das-pastagens têm uma fecundidade elevada, superior a 1000 ovos por fêmea.

Sequeira e Dixon (1997) sugeriram que a sazonalidade da qualidade da seiva da planta hospedeira está envolvida na dinâmica populacional do pulgão do carvalho, Myzocallis boerneri.

Wilkinson et al. (1997) observaram que a importância dos aminoácidos, particularmente os fornecidos pelas bactérias simbióticas, para a nutrição e sobrevivência dos afídeos tem sido estudada intensivamente em experiências com afídeos aposimbióticos.

Hendrix e Salvucci (1998) observaram que os teores de aminoácidos da seiva do floema de uma mesma planta podem variar em diferentes alturas do dia.

Wool e Ben-Zvi (1998) observaram que nas galhas, que produzem rapidamente a última geração de descendentes, um prelúdio à formação de alados e à evacuação das galhas antes da queda das folhas revelou que o gatilho direto para a formação de alados é a densidade de afídeos.

Cisneros e Godfery (1998) observaram que as plantas fertilizadas com nitrogênio, isoladamente ou em combinação com outros fertilizantes, foram infestadas com as maiores médias de densidades populacionais de pulgões em ambas as épocas de estudo.

Godfery et al. (1999) referiram que o azoto afectava a dinâmica populacional dos afídeos naturais, com densidades mais elevadas nas parcelas que recebiam taxas elevadas de azoto, mencionando que níveis elevados de fertilização com azoto parecem promover o aumento da reprodução dos afídeos do algodão e a formação de populações elevadas de afídeos no campo.

Sandstro e Moran (1999) observaram que a necessidade de aminoácidos pode não ser a única explicação para a excreção de melada. As bactérias simbióticas fornecem aos afídeos e às moscas brancas aminoácidos essenciais, que podem estar em falta na seiva das plantas.

Bi et al (2001) observaram que o estado nutricional das plantas tem efeitos positivos na dinâmica das populações, o que contribui para taxas de sobrevivência mais elevadas, maior longevidade dos adultos e períodos de reprodução.

Salim (2002) observou que a aplicação de fertilizante azotado produziu mais perfilhos e biomassa de arroz, o que resultou num dossel espesso e húmido que pode proporcionar um microambiente favorável ao desenvolvimento da população de BPH.

Yao e Akimoto (2002) observaram que uma interpretação comum da excreção de melada de pulgão é que os pulgões têm de ingerir grandes quantidades de seiva rica em açúcar para extrair os aminoácidos necessários ao seu crescimento e reprodução, sendo os açúcares excedentes excretados.

Ge et al. (2003) referiram que a aplicação de fertilizantes, especialmente de fertilizantes azotados, resulta numa grave resistência à ocorrência de insectos herbívoros.

Douglas (2003) referiu que a seiva do floema é uma fonte de alimento extrema, utilizada como dieta dominante ou única de muito poucos animais, especificamente insectos da ordem Hemiptera, incluindo afídeos, mosca branca, fungos de plantas e alguns insectos pentatomídeos.

Bi et al. (2001) e Ge et al. (2003) referiram que quanto maior for a aplicação de fertilizantes, especialmente de fertilizantes azotados (N), mais grave será a ocorrência de insectos herbívoros e os danos causados às culturas por estes insectos, reduzindo a resistência das plantas.

Lu et al. (2004) verificaram que as BPH em plantas enriquecidas com azoto consumiam 37 vezes mais, excretavam 7 vezes mais melada e tinham 2-3 vezes mais azoto corporal. Tanto o teor de água como o teor relativo de água das BPH em plantas com elevado teor de azoto aumentaram significativamente.

Abro et al. (2004) observaram que a relação inseto-planta pode ser afetada pela aplicação de micro/macro-nutrientes às plantas cultivadas.

Day et al (2004). Numa investigação sobre o pulgão do abeto, Elatobium abietum, sugere-se que as alterações sazonais da concentração de aminoácidos na seiva das agulhas afectaram a taxa de crescimento e o tamanho final do pulgão, estando correlacionadas com a produção de alados (mas não necessariamente a causa dos mesmos).

Prudic et al (2005) observaram que a qualidade nutricional das plantas e as defesas das plantas que actuam diretamente sobre os herbívoros são alteradas pela fertilização com N, e os insectos herbívoros podem distinguir entre plantas que recebem diferentes aplicações de N.

Lu et al. (2005) relataram ainda as provas e a quantificação dos efeitos das plantas de arroz enriquecidas com azoto em vários caracteres de aptidão ecológica das cigarrinhas. Foi documentada a preferência das cigarrinhas por plantas de arroz enriquecidas com azoto.

Lu et al. (2007) referiram que o azoto é um dos factores mais importantes no desenvolvimento das populações de herbívoros. A aplicação de fertilizantes azotados nas plantas pode normalmente aumentar a preferência alimentar dos herbívoros, o consumo de alimentos, a sobrevivência, o crescimento, a reprodução e a densidade populacional.

Huber e Thompson (2007) referiram que as plantas deficientes em nutrientes são fracas e vulneráveis à incidência de doenças das plantas e ao ataque de insectos-praga.

Satpathi et al (2012) observaram que a incidência da população de BPH variou estatisticamente de acordo com as doses aplicadas de N. Numericamente, a maior incidência de BPH (1,70 indivíduos/hill) foi observada a 120 kg N/ha. Seguiu-se 80 kg N/ha (1,39/hill). A mais baixa (1,09/colina) foi observada quando se aplicou 40 kg N/ha.

Ramjan et al (2012) observaram que a incidência do funil de plantas de dorso branco nas parcelas sem aplicação de azoto era a mais baixa, seguida das parcelas tratadas com azoto, com base na tabela de cores das folhas. A incidência da praga aumentou com o aumento da aplicação de azoto. A maior população (122,16) por 10 varreduras foi observada nas parcelas com NPK 120-60-60 Kg/ha. A população de pragas nas parcelas com 100 Kg N/ha também foi elevada e estava ao nível de causar perdas económicas à cultura. A incidência de pragas nas parcelas com 80 Kg N/ha foi inferior ao limiar económico, seguida das parcelas com aplicação de azoto com base no LCC. Os resultados indicam que a otimização da dose de azoto em relação a outros macronutrientes e as suas aplicações divididas são extremamente essenciais, uma vez que o azoto elevado torna os tecidos vulneráveis ao ataque de pragas.

Ghallab et al (2014) observaram que foram encontradas mais moscas brancas em plantas fertilizadas do que em plantas não fertilizadas. Foi encontrado um maior depósito de ovos de moscas brancas nas parcelas tratadas com azoto com médias de 0,77 e 1,02 ovos/folheto em comparação com o controlo.

2.4 Zinco (Zn)

Chandler et al (1931) observaram que as aplicações no solo não são muito eficazes porque as raízes das culturas frutícolas ocupam camadas profundas do solo e o zinco não se move facilmente no solo, pelo que as pulverizações foliares são mais eficazes.

Dyar e Webb, (1961) observaram que o Zn e o B também desempenham um papel essencial no desenvolvimento e crescimento de novas células nas plantas. As plantas necessitam de B para a síntese de aminoácidos e proteínas e para a regulação do metabolismo dos hidratos de carbono.

Meyer e Anderson (1961) observaram que o zinco é necessário para o crescimento normal das plantas, mas é necessário para a síntese do ácido indol acético, uma importante hormona de crescimento nas plantas. De acordo com Tsui (1948), o zinco acelera a síntese de proteínas e estimula a fosfolização e as enzimas dos plastídeos verdes.

A aplicação de Zn foi explicada por Mallick e Muthukrishnan (1979) devido a uma síntese ativa de triptofano, um aminoácido na presença de Zn e que é o precursor de IAA que estimula o crescimento dos tecidos vegetais. Para além disso, o Zn e o B também desempenham um papel essencial no desenvolvimento e crescimento de novas células na planta.

Marschner (1986) observou que o zinco é um nutriente mineral necessário, actua como co-fator de 300 enzimas/proteínas, que participam no metabolismo dos ácidos nucleicos, na divisão celular e na síntese de proteínas.

De acordo com Marschner (1995) e Miller et al. (1995), o zinco é também necessário para a síntese de triptofano, um precursor do IAA (ácido indole-3-acético), que actua como uma substância promotora do crescimento.

De acordo com Alloway (2002), o zinco é necessário em pequenas quantidades, mas em concentrações críticas, para permitir o funcionamento normal de várias vias fisiológicas chave das plantas. Estas vias têm papéis importantes na fotossíntese e na formação de açúcar, síntese de proteínas, fertilidade e produção de sementes, regulação do crescimento e defesa contra doenças. Quando o zinco é deficiente, estas funções fisiológicas são prejudicadas e a saúde e a produtividade das plantas são afectadas negativamente, o que resulta em rendimentos mais baixos (ou mesmo na perda de colheitas) e, frequentemente, em produtos vegetais de pior qualidade.

Alloway (2004) observou que o zinco é essencial para o crescimento normal e saudável e para a reprodução de plantas, animais e seres humanos, e quando o fornecimento de zinco disponível é inadequado, os rendimentos das culturas são reduzidos e a qualidade dos produtos agrícolas é frequentemente prejudicada. Nas plantas, o zinco desempenha um papel fundamental como constituinte estrutural ou co-fator regulador de uma vasta gama de diferentes enzimas em muitas vias bioquímicas importantes, principalmente relacionadas com o metabolismo dos hidratos de carbono (tanto na fotossíntese como na conversão de açúcares em amido), o metabolismo das proteínas, o metabolismo das auxinas (regulador de crescimento), a formação de pólen, a manutenção da integridade das membranas biológicas e a resistência à infeção por determinados agentes patogénicos.

Riesen e Feller (2005) observaram que o aumento do Zn foliar estava inicialmente associado a um maior número de ninfas.

De acordo com Safak et al (2009) e Cakmak (2008), as culturas tratadas com zinco eram mais vigorosas do que outras e tinham um melhor crescimento porque o zinco desempenha um papel fundamental na estabilização da estrutura do ARN e do ADN, e está envolvido na biossíntese de hormonas promotoras do crescimento, como o ácido indol-3-acético (AIA) e a giberelina.

Além disso, o zinco é um ativador de muitas enzimas envolvidas na fotossíntese, no alongamento celular e na divisão celular.

De acordo com Akhtar et al. (2009), Rahman et al. (2008), Sangwan et al. (2004) e Marshner (1986), em condições de deficiência de zinco, a atividade da enzima RNA polimerase e da enzima de síntese proteica diminui consideravelmente e a taxa de transformação de aminoácidos diminui. Assim, com a aplicação de zinco, o teor de proteínas das sementes aumentará devido ao aumento da atividade da enzima RNA polimerase e da enzima de síntese proteica.

Sarwar (2011) observou que o zinco é essencial para o crescimento saudável normal e a reprodução de plantas e animais.

Manas et al (2014) referiram que os valores mais elevados de comprimento do fruto de Capsicum annuum foram registados com a aplicação de HA + Zn + B, seguido de Zn + B e HA + B. A maior concentração de proteína foi registada com Zn + B, seguida de HA + Zn + B e aplicação de HA + Zn.

Estes autores sugeriram que o tratamento promissor em HA + Zn seguido de Zn + B, HA + Zn + B e aplicação de Zn isoladamente pode trazer o valor acrescentado adequado em termos de qualidade e produtividade da cultura, melhorando algumas caraterísticas fisiológicas e bioquímicas da pimenta picante.

2.5 Boro (B)

Warington (1923) observou que o boro é um **micronutriente** essencial para as plantas superiores, desempenhando um papel importante no transporte de açúcar, na síntese e estrutura da parede celular, na lenhificação, no metabolismo dos hidratos de carbono, no ácido indol acético, no metabolismo do ARN do fenol, na respiração e no transporte de membranas (Parr e Loughman, 1983).

Dyar e Webb, (1961) observaram que as plantas necessitam de B para a síntese de aminoácidos e proteínas e para a regulação do metabolismo dos hidratos de carbono.

Coke e Whittington (1968) observaram que postularam muitas funções para o boro nas plantas na síntese da parede celular e na estrutura da parede celular, nas membranas, nas lignificações, no transporte de açúcar e no metabolismo de carboidratos e RNA. O efeito pode ser através do envolvimento direto do boro em vias metabólicas ou através de uma cascata que é desencadeada de forma semelhante à conhecida para as fito-hormonas.

Embora um possível papel do boro no metabolismo da auxina ou do ácido indol-3-acético (IAA).

Rawat e Mathpal, (1984) observaram que a melhoria do crescimento das plantas pode ser devida ao aumento das actividades fotossintéticas e outras actividades metabólicas que conduziram a um aumento de vários metabolitos vegetais responsáveis pela divisão e alongamento celular. As reacções fotossintéticas melhoradas na presença de Zn e B podem ter aumentado o crescimento das plantas.

Shelp et al. (1995) observaram que o boro também pode ser transportado através do floema para os tecidos reprodutivos e vegetativos.

Stangoulis et al (2001) observaram que o transporte de boro através do floema, especialmente para tecidos jovens, também ocorre em plantas que não são capazes de produzir hidratos de carbono.

Hatwar et al. (2003) relataram que, Zn (0,1%) e B (0,1%) ambos isolados e/ou combinados exerceram influência significativamente positiva na altura da planta e no número de ramos da planta^{-1} em comparação com o controlo.

Huang et al (2008) demonstraram que o B é transportado das folhas maduras para os órgãos reprodutivos em crescimento ativo através do floema no tremoço branco.

2.6 Ácido húmico (HA)

O ácido húmico é uma mistura complexa de ácidos orgânicos aromáticos, com diversos grupos funcionais contendo azoto, fósforo, carbono, hidrogénio, enxofre e oxigénio em percentagens variáveis (Zhang et al., 2010).

Azarpour et al. (2011) também relataram que a aplicação foliar de HA deu os melhores e mais altos valores de altura de planta de feijão nhemba, enquanto Kaya et al. (2005) relataram que, HA e Zn ambos isoladamente e/ou tratamentos combinados aumentaram significativamente a altura da planta em comparação com o tratamento de controlo.

Farouk et al. (2011) referiram que a maior concentração de proteínas foi registada com a aplicação de Zn + B, seguida de HA + Zn + B e HA + Zn.

Além disso, o aumento da concentração de proteínas através da aplicação de HA foi registado em plantas de rabanete.

2.7 Atividade principal da produção de lacticínios

Jaiswal e Dwivedi (2005) recomendaram quatro passos fundamentais para a cultura sistemática da laceira - poda das árvores hospedeiras, infestação (inoculação) das árvores hospedeiras com insectos da laceira, remoção das varas de criação usadas (sementes de insectos da laceira) e colheita da cultura. Isto para além da aplicação de insecticidas/fungicidas para controlo de pragas/doenças, do agrupamento de árvores e de outros conselhos para a manutenção adequada da cultura da laceira.

2.7.1 Inoculação da ninhada

A disponibilidade atempada de crias de qualidade e livres de pragas é o mais importante para a cultura da lacticultura (Singh et al, 2010), especialmente em julho, na estação das chuvas (Kumar e Das, 2012).

Para a inoculação de uma árvore Kusum média, foram necessários cerca de 4 kg de broodlac de Kusmi, 1,5 kg para a árvore Z. mauritiana e 750g a 1,00 kg de broodlac para a árvore B. monosperma (Srivastava ,2011), enquanto (Kumar e Das, 2011) referiram que são necessários 20g-30g de broodlac por metro de ramo suculento. Dependendo do tipo e do tamanho da árvore hospedeira da laceira, a quantidade de broodlac difere.

Patel (2013) e Janghel (2013) relataram que a quantidade de broodlac usada em Z. mauritiana e B. monosperma variou de 500g a 700g por planta.

2.7.2 Deslocação

O processo de deslocação é utilizado para uma utilização eficiente do broodlac foi efectuado pela primeira vez por (Khobragade, 2012). Desde então, a deslocação tornou-se popular e a operação foi seguida por (Janghel e Patel, 2013).

2.7.3 **Remoção** do Phunki

A remoção do Phunki após três semanas de BLI foi sugerida por (Sharma e Jaiswal, 2011)

Khobragade (2012), Janghel (2013) e Patel (2013) referiram que a remoção do Phunki é uma operação de mão de obra intensiva, mas que a laca raspada lhes proporciona um rendimento em dinheiro após 30 anos de BLI.

2.8 Sobrevivência do inseto lac

Patel (2013) referiu que a sobrevivência do inseto da laceira desde o BLI até à colheita foi de

22 a 27 por cento na cultura Aghani Kusmi lac, enquanto variou de 27 a 32 por cento na cultura Katki em B. monosperma (Janghel, 2013) e na cultura Baisakhi em Z. mauritiana foi de 21 a 25 por cento (Kunal, 2013).

2.9 Rendimento do leite cru

De acordo com Mishra et al. (1999), em F. semialata, o peso das células vivas e o peso das células Phunki (secas) variaram de 13,16 a 38,33 mg e de 8,00 a 19,00 mg, respetivamente, enquanto que em F. macrophylla variaram de 16,83 a 31,67 mg e de 9,33 a 18,83 mg. Assim, o rendimento varia de hospedeiro para hospedeiro.

Patel (2013) referiu que o peso fresco médio (g) de 100 células maduras de lacticínios foi de 4,88 g em Kusmi lac e de 3,38 g em Rangeeni lac, enquanto no presente estudo variou de 6,14 a 8,02 g em vários tratamentos. O peso seco médio de 100 células foi de 4,66g no caso da Kusmi lac e 2,63g no caso da Rangeeni lac.

Namdev (2014) relatou que o peso fresco médio (g) de 100 células maduras de laca variou de 5,27 a 8,91g em vários tratamentos. O peso seco médio de 100 células foi de 4,25 g a 7,84 g no caso da laceira Kusmi e o rendimento médio de laceira crua (kg) por planta obtido após a colheita da cultura da laceira variou de 3,83 a 5,08 kg.

CAPÍTULO 3

MATERIAIS E MÉTODOS

O presente trabalho de investigação, intitulado **"Estudo do efeito da aplicação de boro, zinco e ácido húmico em** Butea monosperma **no desempenho de *Rangeeni* lac"** na aldeia de Dungariya, bloco de Barghat, distrito de Seoni, Madhya Pradesh, foi realizado de julho de 2014 a outubro de 2014.

3.1 Localização da área de estudo

3.1.1 Distrito de Seoni

Geograficamente, o distrito de Seoni situa-se na parte sul de Madhya Pradesh, entre 21035 e 22058' de latitude norte e 79012' e 80018' de longitude leste. O distrito faz fronteira com os distritos de Jabalpur, Narsinghpur e Mandla a norte, Balaghat a leste e Chhindwara a oeste e a fronteira sul do distrito situa-se numa posição próxima de Nagpur (Maharashtra). A autoestrada nacional -7, que liga Kanyakumari a Caxemira, passa pela parte sul do distrito. Todas as estradas de bom tempo ligam as principais cidades do distrito. Chhindwara, Balaghat, Katangi e Nainpur (Fig. 3.1) são algumas das principais cidades próximas. A linha ferroviária de bitola estreita Chhindwara-Nainpur passa por Seoni. Os centros de consumo do distrito são Seoni, Lakhnadon, Barghat, Chhapara, Dhuma, Kanhiwara e Keolari. Os cereais, os legumes, as frutas, os produtos florestais menores e a madeira encontram os principais mercados em Nagpur e Jabalpur e nos centros de consumo do distrito.

Geologicamente, a área faz parte da cordilheira de Maikal das partes norte e leste de Satpura Hills, com tendência N-S, NE-SW e E-W. A elevação topográfica mais elevada do distrito é de 756 m acima do nível médio das águas do mar na região do planalto de Seoni-Lakhanadon e a mais baixa é de 430 m acima do nível médio das águas do mar nas planícies do rio Wainganga-Hirri.

Em termos agro-climáticos, o distrito situa-se na Zona IV - Planalto de Kymore e Zona de Satpura Hill de Madhya Pradesh. O distrito de Seoni faz parte das colinas e do planalto da cadeia de montanhas de Satpura. A maior parte da paisagem é ondulante e rochosa, com uma fina camada de cobertura do solo. A parte da terra utilizada para fins agrícolas é de 43,22% da cobertura total do solo, dos quais apenas 11,93% têm irrigação assegurada e, por conseguinte, são objeto de dupla cultura. O resto da terra agrícola é totalmente de sequeiro e produz apenas uma colheita por ano.

3.1.2 Bloco de Barghat

Barghat é um dos oito blocos de desenvolvimento do distrito de Seoni e tem 142 aldeias (136 aldeias fiscais, 4 aldeias florestais e 2 aldeias desabitadas). Tem uma área geográfica de 53.924,09 ha, dos quais 44.218,70 ha são áreas cultivadas. A área irrigada é de 4.536,63 ha (10,25 %), enquanto 39.682,07 ha não são irrigados (89,75%).

3.1.3 Aldeia de Dungariya

A aldeia de Dungariya tem uma área geográfica de 599,9 ha, dos quais 95,1 ha são cultivados, enquanto 451,5 ha e 13,3 ha são ocupados por florestas, rios e lagoas. A população da aldeia é de 620 habitantes (Quadro 1).

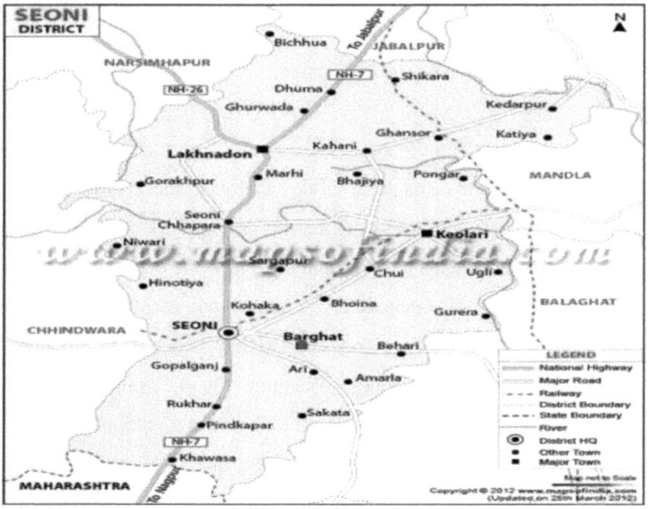

Figura: Mapa do distrito de Seoni

Quadro 1. Informações sobre a aldeia de Dungariya

S. no.	Particulars	ha/no./q
1.	Geographical area	599.9
2.	Total cultivated area	95.1
3.	Under forest area	451.5
4.	Area under Rivers and Ponds	13.3
5.	Number of households	148
6.	Populations	620
	a. Male	325
	b. Female	295
7.	Literacy	
	a. Literate	450
	b. Illiterate	170
8.	Total number of Lac growers	77
9.	Estimate number	
	a. *Ber* trees	1571
	b. *Palash* trees	17320
10.	Estimate annual lac production (q)	
	a. *Katki crop*	19
	b. *Baisakhi crop*	46

Fonte: Gram panchayat Nandora

3.2.1 Detalhes experimentais

O estudo foi planeado em regime de RBD, com quatro repetições e seis tratamentos, como se indica a **seguir**

Tabela 2. Pormenores experimentais

Host tree	Palash (*Butea monosperma)*
Design	Randomized Block Design
Number of Lac growers'	10
Number of treatments	06
Number of trees per treatment	12 trees
Number of replications	04
Number of trees per replication	03
Total number of trees	72 trees

Tabela 3. Pormenores dos tratamentos

S. no.	Treatments (Application of)	Dose/litre
T_1	Zinc	1g
T_2	Boron	2g
T_3	Humic acid	30ml
T_4	Zinc+Humic acid	1g+30ml
T_5	Boron+Humic acid	2g+30ml
T_6	Control i.e.(water spray)	

***Todos os** tratamentos foram pulverizados com cloridrato de Cartap para minimizar a incidência de predadores e parasitas de K. lacca, **A segunda pulverização de todos os tratamentos foi feita 15 dias após a primeira pulverização.

Critérios de seleção de

i. Produtores de lacticínios participantes: Foram selecionados para o estudo produtores de lacticínios com árvores de B. *monosperma* nos seus campos e dispostos a participar na investigação.

ii. **Árvore:** As árvores *de B. monosperma* com mais de cinco anos, saudáveis, podadas e com ramos suculentos suficientes foram selecionadas para o estudo.

3.2.2 Observações

Os insectos Lac foram contados 30, 45, 60 e 105 dias após a BLI:

i. 2,5 cm2 nos ramos colonizados por insectos (Janghel, 2013).

ii. Em 3 ramos/planta selecionados aleatoriamente.

iii. A partir de cinco ranhuras de 2,5 cm2/ramo (Namdev, 2014).

Quadro 4. Principais operações experimentais e respetivo período

S. no.	Operations	Period
1	Selection of site, Lac growers', selection of trees, tree categorization & its marking	June 2014-15
2	*Broodlac* inoculation and Shifting	July 2014-15
3	*Phunki* removal, 1st spray of treatments, Observation of lac insects at 30 days after BLI and Pesticide application	Aug 2014-15
4	2nd and 3rd spray of treatments, Observations of lac insects on 45 and 60 days after BLI	Sept 2014-15
5	Observation of lac insects on 105 days after BLI, Leaf collection, Harvesting of sticklac and Scraping of raw lac	Nov 2014-15

Funcionamento:

1. **Inoculação de Broodlac:** Foram utilizados Broodlac saudáveis variando de 200g a 400g por árvore de B. monosperma de acordo com a categoria (dependendo da circunferência da árvore) da planta. Os Broodlac foram inoculados no mês de julho de 2014.
2. **Deslocação:** Os feixes de Broodlac foram deslocados cuidadosamente para diferentes ramos da mesma árvore após 7 a 8 dias de inoculação. Isto foi feito para assegurar a distribuição uniforme da criação em ramos onde não havia assentamento de larvas ou onde este era insuficiente (Janghel, 2013).

3. **Remoção** do Phunki: As larvas do inseto lacticida de Broodlac instalam-se na árvore três semanas após a sua inoculação. O Broodlac sem criação é chamado de phunki que, na realidade, é sticklac. O phunki é normalmente constituído por predadores. Foi removido após 21 dias de inoculação de Broodlac e raspado para recuperar a laca crua e, neste processo, os predadores também são removidos (Janghel, 2013).

Pulverização de produtos químicos

- **Equipamentos e objectos:**

A operação de pulverização foi efectuada com um pulverizador de pé ou uma bomba de pedal. Durante a pulverização, foram utilizados um balde de plástico, um tambor, uma máscara facial, óculos de proteção e sabão.

- **Preparação de soluções químicas**

A solução de inseticida e de micronutriente foi preparada adicionando a quantidade desejada (@1g de cloridrato de cartape/litro de água, no caso do zinco @ 1g/litro de água, boro @ 2g/litro de água, ácido húmico @ 30ml/litro e controlo, isto é, pulverização de água) num pequeno recipiente, seguido de uma agitação rápida com um pedaço de pau. Esta solução concentrada foi ainda diluída com água limpa para fazer a solução de pulverização.

- **Pulverização:**

A pulverização de produtos químicos com um pulverizador de pé exigia duas pessoas. Uma acciona o pedal do pulverizador de pé enquanto a outra segura a lança do pulverizador para pulverizar a solução.

- **Calendário de pulverização:**

Após 30 dias da BLI, foi efectuada a primeira pulverização; a segunda pulverização será efectuada 45 dias após a BLI e a terceira pulverização 60 dias após a BLI.

- **Colheita do sticklac:**

A colheita foi efectuada na maturidade. No presente estudo, a colheita na maturidade foi efectuada para estimar o rendimento da lacticultura (Janghel, 2013).

Tabela 5. Programa de observação:

S. no.	Observation	Scale	Period
A. Pre-harvest			
a.	Larval settlement count	Lac insect/2.5 sq cm succulent branch*	@30,45,60&105days of BLI
B. Post-harvest			
a.	Ratio of insect settlement to harvest	Lac insect/2.5 sq cm branch sticklac	November
b.	No. of sticklac/plant	In number	November
c.	Raw lac production	Weight (g) of raw lac /foot of sticklac	November
d.	Raw lac	Weight (g) after shade drying	November
e.	Mean cell weight	Weight (g) of 100 cell of lac insect	November
f.	Cost of chemicals application	Per tree (Rs)	

*3 ramos/planta e 5 manchas fixas de 2,5 cm2/ramo, ***BLI- Inoculação com Broodlac

S **Análise estatística**

Os dados registados sobre vários aspectos foram tabulados e submetidos a uma análise estatística utilizando as técnicas de análise de variância (Panse e Sukhatme, 1967). A significância dos tratamentos foi testada pelo teste£ F'. Se o teste "F" exprimisse a diferença significativa entre os valores médios dos tratamentos, calculava-se a diferença crítica (DC) a um nível de significância de 5%.

Tabela 6. Análise de Variância

Sources of variance	df	S.S	M.S.S	F Cal	F Tab
Replications	(r-1)	SSR	VR	-	
Treatments	(t-1)	SST	VT	VT / VE	F at 5% (t-1), (r-1) (t-1)
Errors	(r-1) (t-1)	SSE	VE		
Total	(r.t-1)				

Onde,

r= número de replicações

t= número de tratamentos

VR = soma média dos quadrados da replicação

VT =soma média dos quadrados do tratamento

VE = soma média dos quadrados do erro

A significância entre as médias dos diferentes tratamentos foi avaliada pela diferença crítica (DC) a um nível de significância de 5% para a comparação entre os tratamentos, tendo sido consideradas as médias marginais de cada tratamento. A fórmula seguinte foi utilizada para as várias estimativas.

i. Erro padrão da média

$$S.Em\pm = \sqrt{\frac{E.ms}{r}}$$

ii. Diferença crítica (CD) = SEm **x√2** xt 0,05

Onde,

Ems=soma média do quadrado do erro

t=valor "t" com um nível de erro de 5 d.f.

r=número de réplicas

CAPÍTULO 4

RESULTADOS

O presente trabalho de investigação **"Estudo sobre o efeito da aplicação de boro, zinco e ácido húmico em** Butea monosperma **no desempenho de *Rangeeni* lac"** foi realizado durante o ano de 2014-15, de junho de 2014 a novembro de 2014, na aldeia de Dungariya, Bloco de Barghat, Distrito de Seoni, Madhya Pradesh. O estudo de campo foi efectuado em 72 árvores de B monosperma com mais de cinco anos e bem podadas. As operações de inoculação Broodlac e de colheita foram efectuadas atempadamente durante o estudo. Os resultados do presente estudo são os seguintes.

4.1 Aplicação de nutrientes

As aplicações de nutrientes através de pulverização foliar foram efectuadas em B monosperma de 15th de agosto a 22 de setembro de 2014. Os nutrientes, nomeadamente zinco, boro e ácido húmico, foram aplicados por pulverização foliar em diferentes tratamentos: T1 zinco, T2 boro, T3 ácido húmico, T4 zinco+ácido húmico, T5 boro+ácido húmico e T6 controlo.

Todos os tratamentos foram pulverizados com o inseticida Cloridrato de Cartap para minimizar a incidência de predadores e parasitas de Kerria lacca. Os três calendários de pulverização de nutrientes foram seguidos com um intervalo de 15 dias em todos os tratamentos, exceto no controlo.

Tabela 7. Aplicação foliar de Zinco, Boro e Ácido Húmico por árvore *de B monosperma*

S. no.	Treatment (Application of)	Dose/litre	Spray schedule		
			1st spray	2nd spray	3rd spray
T_1	Zinc	1g	15th Aug. 2014	1st Sept. 2014	16th Oct. 2014
T_2	Boron	2g			
T_3	Humic acid	30ml			
T_4	Zinc+Humic acid	1g+30ml			
T_5	Boron+Humic acid	2g+30ml			
T_6	Control i.e.(water spray)				

4.2 Inoculação de Broodlac

A inoculação de Brood lac (BLI) para a cultura Katki foi feita em 15th julho e 16th julho 2014 (Tabela-8) em árvores B monosperma. O peso médio de Brood inoculado variou de 250g a 333,33g por planta, dependendo do tamanho das árvores hospedeiras. Não houve diferença significativa no peso de Broodlac inoculado por árvore entre os diferentes tratamentos. O peso do

Broodlac inoculado foi maior no T1 (333,33g) seguido do T3 (275g), T4 (275g), T5 (275g), T6 (266,67g) e T2 (250g).

Tabela 8. Média de ninhada de inoculados (g) por planta

Replications	Mean weight (g) of Broodlac in different treatments					
	T_1	T_2	T_3	T_4	T_5	T_6
R_1	333.33	233.33	266.67	266.67	266.67	266.67
R_2	300.00	266.67	300.00	300.00	300.00	366.67
R_3	333.33	233.33	266.67	300.00	200.00	200.00
R_4	366.67	266.67	200.00	233.33	333.33	233.33
Mean	**333.33**	**250.00**	**275.00**	**275.00**	**275.00**	**266.67**
NS						

4.3 Deslocação

O deslocamento da ninhada foi efectuado no sétimo dia após a BLI, ou seja, em 22 rd de julho de 2014, para assegurar uma distribuição uniforme da ninhada em todos os ramos de B. monosperma, onde não havia assentamento de larvas ou este era insuficiente.

4.4 **Remoção** do Phunki

A Phunki foi retirada 21 dias após a BLI, ou seja, em 5th e 6th de agosto de 2014.

4.5 **Densidade populacional de** Katki **lac**

A contagem média de insectos lac foi observada por 2,5 cm2 dos ramos suculentos desde 30 dias até à colheita, ou seja, aos 30, 45, 60 e 105 dias de BLI.

4.5. 1Densidade populacional do inseto lac aos 30 dias após a BLI

Os dados da Tabela -9 revelaram que o número médio de insectos lacustres instalados por 2,5 cm2 diferiu entre os seis tratamentos aos 30 dias após a BLI. A densidade foi mais alta em T1 (58,24) seguido por T6 (55,06), T5 (51,47), T4 (47,94), T3 (42,91) e T2 (37,95). A densidade de insectos lacustres no tratamento T6 foi igual à dos tratamentos T5, T4 e T1, mas foi significativamente superior à dos tratamentos T3 e T2. Da mesma forma, no tratamento T5, a densidade foi significativamente maior do que no tratamento T2 e igual à dos restantes tratamentos. No caso de T1, foi significativamente mais do que T3 e T2, mas a par com o resto dos tratamentos.

Tabela 9. Número médio de insectos por 2,5 cm2 aos 30 dias após a BLI

Replications	Mean no. of larval /2.5cm^{2}in different treatments					
	T_1	T_2	T_3	T_4	T_5	T_6
R_1	50.09	35.87	56.533	47.844	54.778	58.022
R_2	58.78	34.56	44.111	38.667	56.756	64.400
R_3	63.22	42.89	37.178	53.067	51.311	59.822
R_4	60.87	38.489	33.800	52.200	43.044	37.978
Mean	**58.24**	**37.95**	**42.91**	**47.94**	**51.47**	**55.06**
SEm± 3.92 CD 5% 11.80						

4.5.2 Sobrevivência do inseto lac (%) 45 dias após a BLI

Os dados da Tabela -10 indicam a porcentagem de sobrevivência do inseto da laca nos diferentes tratamentos aos 45 dias após a BLI. A porcentagem de insetos da lagarta foi maior em T1 (73,58) seguido por T4 (68,79), T5 (67,35), T2 (67,10), T3 (65,91) e T6 (64,27). Houve uma diferença significativa na porcentagem de sobrevivência do inseto da laca nos diferentes tratamentos. Foi significativamente maior em T1 do que em todos os tratamentos. No entanto, T2, T3, T4 e T5 foram iguais entre si.

Tabela 10. Sobrevivência do inseto lac (%) 45 dias após a BLI.

Replications	Survival of lac insect (%) in different treatments					
	T_1	T_2	T_3	T_4	T_5	T_6
R_1	89.49 (71.86)	85.85 (67.87)	88.68 (70.33)	87.07 (68.92)	87.59 (69.37)	83.23 (65.82)
R_2	94.47 (76.39)	83.45 (65.99)	85.99 (68.01)	84.2 (66.57)	86.81 (68.7)	82.16 (65.01)
R_3	91.29 (72.83)	82.96 (65.61)	79.19 (62.85)	88.48 (70.15)	85.37 (67.51)	82.44 (65.22)
R_4	91.67 (73.22)	87.07 (68.92)	78.58 (62.43)	87.78 (69.53)	80.56 (63.83)	76.55 (61.03)
Mean	**91.73 (73.58)**	**84.83 (67.10)**	**83.11 (65.91)**	**86.88 (68.79)**	**85.08 (67.35)**	**81.10 (64.27)**
SEm± 1.16 CD 5% 3.51						

Os números entre parêntesis são valores transformados Y = arco seno √p = sin-1 √p

4.5.3Sobrevivência do inseto lac (%) 60 dias após a BLI

Os dados da Tabela -11 indicam a porcentagem de sobrevivência do inseto da laca nos diferentes tratamentos aos 60 dias após a BLI. A percentagem de sobrevivência do inseto foi mais elevada em T4 (58,85), seguida de T3 (57,49), T1 (56,80), T5 (56,33), T2 (56,26) e T6 (54,78). Não houve diferença significativa na porcentagem de sobrevivência do inseto nos diferentes tratamentos.

Tabela 11. Sobrevivência do inseto lac (%) aos 60 dias após a BLI.

Replications	Survival of lac insect (%) at 60 days after BLI. in different treatments					
	T_1	T_2	T_3	T_4	T_5	T_6
R_1	68.46 (55.83)	67.97 (55.53)	67.81 (59.43)	72.33 (58.26)	74.56 (59.7)	67.45 (55.21)
R_2	72.7 (58.5)	68.03 (55.56)	72.01 (58.05)	72.75 (58.53)	67.82 (55.43)	65.19 (53.84)
R_3	69.55 (56.5)	72.05 (58.08)	65.57 (54.07)	71.96 (58.02)	67.69 (55.35)	65.83 (54.22)
R_4	69.32 (56.36)	68.55 (55.88)	72.57 (58.41)	75.57 (60.59)	66.83 (54.83)	68.48 (55.84)
Mean	**70.01 (56.80)**	**69.15 (56.26)**	**69.49 (57.49)**	**73.15 (58.85)**	**69.23 (56.33)**	**66.74 (54.78)**
NS						

Os números entre parênteses são valores transformados Y = arco seno $\sqrt{p}$= sin-1 $\sqrt{p}$ 4,5.

Sobrevivência do inseto lac (%) 105 dias após a BLI

Os dados da Tabela -11 indicam a porcentagem de sobrevivência do inseto da laca nos diferentes tratamentos aos 105 dias após a BLI. A porcentagem de sobrevivência da lagarta foi mais alta em T3 (41,77), seguida por T2 (40,79), T4 (39,13), T5 (38,97), T1 (37,00) e T6 (33,53). Não houve diferença significativa na porcentagem de sobrevivência do inseto da laca nos diferentes tratamentos.

Tabela 12. Sobrevivência do inseto lac (%) 105 dias após a BLI.

Replications	Survival of lac insect (%) at 105 days after BLI. in different treatments					
	T_1	T_2	T_3	T_4	T_5	T_6
R_1	40.47 (39.5)	45.26 (42.28)	36.61 (37.23)	38.93 (38.6)	40.17 (39.33)	30.68 (33.63)
R_2	35.55 (36.84)	42.71 (40.8)	45.55 (42.44)	43.22 (41.1)	34.89 (36.2)	28.75 (33.42)
R_3	33.6 (35.42)	39.85 (39.14)	50.33 (45.21)	38.58 (38.39)	44.52 (41.85)	28.76 (32.43)
R_4	34.95 (36.24)	42.95 (40.94)	45.09 (42.18)	45.09 (38.43)	38.78 (38.51)	32.31 (34.64)
Mean	**36.14 (37.00)**	**42.69 (40.79)**	**44.40 (41.77)**	**39.84 (39.13)**	**39.59 (38.97)**	**30.13 (33.53)**
NS						

Os números entre parênteses são valores transformados Y = arco seno $\sqrt{p}$ = sin-1 $\sqrt{p}$ 4,5.

5. Sticklac

Os ramos da árvore hospedeira da laceira com incrustações de insectos maduros da laceira, quando prontos para a colheita, são chamados sticklac. O número médio de sticklac por planta variou de 5,00 a 7,08 (Tabela 13). O número médio de sticklac foi maior em T1 (7,08) seguido por T4 (6,08), T6 (5,58), T5 (5,50), T2 (5,33) e T3 (5,00). Não houve diferença significativa na quantidade de sticklac entre os diferentes tratamentos.

Tabela 13. Número médio de Sticklac por planta aquando da colheita.

Replications	Mean number of Sticklac/plant in different treatments					
	T_1	T_2	T_3	T_4	T_5	T_6
R_1	6.33	4.00	5.67	6.00	4.33	4.00
R_2	5.67	7.33	6.67	7.00	6.67	9.67
R_3	6.33	4.00	4.67	7.67	3.00	4.00
R_4	10.00	6.00	3.00	3.67	8.00	4.67
Mean	**7.08**	**5.33**	**5.00**	**6.08**	**5.50**	**5.58**
NS						

6. Peso do sticklac

O peso médio de sticklac por 30 cm variou de 46,25 a 63,50g (Tabela-14). O peso médio (g) de sticklac por 30 cm foi maior em T1 (63,50g) seguido por T2 (57,56g), T3 (52,94) T4 (50,38g), T5 (49,94g) e T6 (46,25g). Houve uma diferença significativa em todos os tratamentos, no entanto T2, T3 e T4 foram iguais entre si

Tabela 14. Peso médio do sticklac (g) por 30 cm

Replications	Mean weight(g) of sticklac per 30 cm among different treatments					
	T_1	T_2	T_3	T_4	T_5	T_6
R_1	69.25	55.75	60.75	53.75	50.00	49.5
R_2	59.25	59.50	54.50	60.25	53.50	54.25
R_3	58.25	54.75	48.50	46.25	47.00	43
R_4	67.25	60.25	48.00	41.25	49.25	38.25
Mean	**63.50**	**57.56**	**52.94**	**50.38**	**49.94**	**46.25**
SEm± 2.39 CD 5% 7.21						

7. Peso seco de 100 células

Os dados da Tabela - 15 revelaram que o peso seco médio de 100 células do inseto da laca entre os seis tratamentos variou após a colheita. O peso seco médio de 100 células do inseto da laca foi mais elevado em T1, (3,68g) seguido de T2 (3,49g) T5 (3,43g), T4 (3,41g), T6 (3,21g) e T3 (3,03g). O peso médio de 100 células nos tratamentos T5, T4 e T2 foram iguais entre si, mas foi significativamente maior do que nos tratamentos T6 e T3.

Tabela 15. Peso seco médio (g) de 100 células do inseto lac

Replication	Mean dry weight (g) of 100 cells in different treatments					
	T_1	T_2	T_3	T_4	T_5	T_6
R_1	3.52	3.50	3.22	3.51	3.08	2.75
R_2	3.49	3.75	3.11	3.13	3.54	3.62
R_3	3.77	3.49	2.93	3.56	3.50	3.42
R_4	3.95	3.20	2.87	3.44	3.61	3.03
Mean	**3.68**	**3.49**	**3.03**	**3.41**	**3.43**	**3.21**
SEm± 0.13	CD 5% 0.38					

8. Peso seco da sucata lac /30 cm

Os dados da Tabela - 16 revelaram que o peso seco médio de raspas de laca (g) por 30 cm de sticklac entre os seis tratamentos após a colheita variou. O peso médio seco da rama por 30 cm de sticklac foi maior no T1, (13,93g) seguido pelo T5 (11,84g), T4 (11,66g), T3 (11,44g), T2 (9,50g) e T6 (9,22g). O peso médio da rama no tratamento T6 foi igual ao de todos os tratamentos, exceto T1. O peso médio no tratamento T6 foi significativamente maior do que no T3 e T2, mas foi igual ao do resto dos tratamentos.

Tabela 16. Peso seco médio dos restos de laca /30 cm de sticklac após a colheita da laca.

Replications	Mean dry weight of scrap lac /foot of sticklac in different treatments					
	T_1	T_2	T_3	T_4	T_5	T_6
R_1	13.45	9.91	11.79	13.01	10.00	7.29
R_2	11.64	11.72	13.97	10.73	13.84	12.58
R_3	13.71	8.37	11.07	10.77	10.77	8.92
R_4	16.92	8.01	8.95	12.14	12.14	8.08
Mean	**13.93**	**9.50**	**11.44**	**11.66**	**11.84**	**9.22**
SEm± 0.98	CD 5% 2.96					

9. Rendimento médio de lacticínios crus

O rendimento médio de laca crua (kg) por planta obtido após a colheita da cultura de laca foi de 2,10, 1,53, 1,45, 1,66, 1,47 e 0,58 kg, respetivamente, entre os tratamentos T1, T2, T3, T4, T5 e T6 (Tabela-17). Houve uma diferença significativa no rendimento médio de laca crua em todos os tratamentos entre si, enquanto o tratamento T2 e T4 estavam em pé de igualdade.

Tabela 17. Rendimento médio de lacticínios crus (kg) por planta

Replications	Mean raw lac yield (kg) per plant among different treatments					
	T_1	T_2	T_3	T_4	T_5	T_6
R_1	1.87	1.45	1.67	1.76	1.11	0.46
R_2	2.07	1.84	1.95	1.93	1.88	0.70
R_3	1.88	1.17	1.25	2.00	0.85	0.66
R_4	2.58	1.68	0.91	0.94	2.04	0.48
Mean	2.10	1.53	1.45	1.66	1.47	0.58
SEm± 0.20	CD 5% 0.60					

10. Custo de produção de Katki **lac on** (B. monosperma)

Quadro 18. Custo de produção de Katki **lac on** (B. monosperma)

Operational cost (Rs) per *B. monosperma*							
Operations	**Cost**	T_1	T_2	T_3	T_4	T_5	T_6
Pruning	@ Rs 5/ trees	5.00	5.00	5.00	5.00	5.00	5.00
Labour cost for foliar spray @ Rs3/tree spray at 30, 45, 60 day after BLI.		9.00	9.00	9.00	9.00	9.00	00
Brood Inoculation	@ Rs3/tree	3.00	3.00	3.00	3.00	3.00	3.00
Pesticide spray	@ Rs3/tree	3.00	3.00	3.00	3.00	3.00	3.00
Harvesting	@ Rs6/tree	6.00	6.00	6.00	6.00	6.00	6.00
Sub Total (a)		**26**	**26**	**26**	**26**	**26**	**17**
B. Input cost (Rs) per *B. monosperma*							
Brood	K- 120/kg	39.9	30	33	33	33	32.04
Insecticide							
Pesticide CHC 50SP	@ Rs4/tree @Rs1/g	4	4	4	4	4	4
Nutrients							
Nutrients Zinc, Boron and Humic acid		9.00	9.6	50.4	59.4	60	
Sub Total (b)		**52.9**	**43.6**	**87.4**	**96.4**	**97**	**36.04**
C. Total (a+b)		**78.9**	**69.6**	**113.4**	**122.4**	**123**	**53.04**
D. Gross Return (Rs) per plant							
Mean yield	kg	2.1	1.53	1.45	1.66	1.47	0.58
value (Rs)	225/kg	472.5	344.25	326.25	373.5	330.75	130
Total		**472.5**	**344.25**	**326.25**	**373.5**	**330.75**	**130**
E. (D - A+B) Net Return (Rs) per *B. monosperma*							
Gross Return(D)	Gross Return(D)	472.5	344.25	326.25	373.5	330.75	130
Total cost (a)+(b)	Total cost (a)+(b)	78.9	69.6	113.4	122.4	123	53.4
Net Profit		**394.4**	**274.65**	**212.85**	**251.1**	**207.75**	**76.96**

Quadro 19. Resultado líquido e rácio C.B.

Treatments	Net profit	Cost	C.B. Ratio
T_1	394.4	78.9	1:4.99
T_2	274.65	69.6	1:3.94
T_3	212.85	113.4	1:1.87
T_4	251.1	122.4	1:2.05
T_5	207.75	123	1:1.69
T_6	76.96	53.04	1:1.45

*CHC = cloridrato de Cartap

12. Lucro líquido

O lucro líquido foi mais elevado no caso de T1 (Rs394,4/árvore), seguido de T2, (Rs274,65/árvore), T4 (Rs251,1/árvore), T3 (Rs212,85/árvore), T5 (Rs207,75/árvore) e foi mais baixo no caso de T6 (Rs62,6/árvore)

O rácio custo-benefício foi mais elevado (1:4,99) em T1, seguido de T2 (1:3,94), T4 (1:2,05), T3 (1:1,87), T5 (1:1,69), e foi mais baixo (1:1,17) no caso de T6 (Tabela-19)

CAPÍTULO 5

DISCUSSÃO

Os resultados do presente trabalho de investigação **"Estudo sobre o efeito da aplicação de boro, zinco e ácido húmico em** Butea monosperma **no desempenho da lactação *Rangeeni*"** são discutidos a seguir.

5.1 Aplicação de nutrientes

A sobrevivência dos alimentadores de seiva depende do fornecimento de alimento (Cook e Denno. 1994), uma vez que a seiva do floema é uma fonte de alimento extrema que é utilizada como dieta dominante ou única de muito poucos animais, especificamente insectos da ordem Hemiptera, incluindo afídeos, mosca branca, fungos de plantas e alguns insectos pentatomídeos (Douglas, 2003). Os alimentadores de floema reduzem o vigor das suas plantas hospedeiras (Cottam, 1985) e afectam negativamente o crescimento e o perfil de azoto aminado das suas plantas hospedeiras (Wellings e Dixon, 1987). A má nutrição das plantas pode ter efeitos adversos no desempenho e na aptidão dos alimentadores de seiva (Cook e Denno, 1994), porque os aminoácidos essenciais na seiva das plantas são essenciais para o crescimento e a reprodução dos afídeos (Embden, 1973). A variação das concentrações de aminoácidos e de sacarose na dieta afecta o crescimento, a sobrevivência e a reprodução dos afídeos, tendo sido analisada por Klingauf (1987).

Sendo K. lacca um alimentador de floema, o seu crescimento e desenvolvimento dependem do crescimento das suas plantas hospedeiras e dos nutrientes por elas fornecidos. Espera-se que uma seiva vegetal altamente nutritiva promova um melhor crescimento de K. lacca e uma maior produção de lacca.

É amplamente reconhecido que os nutrientes desempenham um papel importante no crescimento das plantas (Marschner 1985, Oskarsson et al. 2006; Dianda et al. 2009), embora Baidoo e Mochiah (2011) tenham indicado que o aumento da aplicação de nutrientes melhora o crescimento das plantas; mas pode tornar a planta mais atractiva para as pragas ou melhorar o crescimento das plantas, o que apoia a sua sobrevivência e reprodução.

Os micronutrientes desempenham um papel vital no crescimento das plantas, especialmente o zinco e o boro. O zinco é necessário para a síntese do ácido indole-acético, que é uma importante hormona de crescimento nas plantas e acelera a síntese de proteínas e estimula a fosfolização e as enzimas dos plastídeos verdes (Marschner, 1995; Cakmak et al., 1989; Pedler et al., 2000). Na seiva do floema, o zinco forma complexos com ácidos orgânicos de baixo peso molecular, aumentando a sua concentração (Kochian et al., 1991). As plantas necessitam de boro (B) para a síntese de aminoácidos, proteínas e regulação do metabolismo dos hidratos de carbono (Dyar e Webb, 1961).

Num outro estudo, Azarpour et al. (2011) referiram que a aplicação foliar de ácido húmico (HA) proporcionou os melhores e mais elevados valores de altura de plantas de feijão-frade. Do mesmo modo, Kaya et al. (2005) referiram que os tratamentos com ácido húmico e zinco, isoladamente e/ou em combinação, aumentaram significativamente a altura das plantas em comparação com o tratamento de controlo. Assim, no presente estudo, o efeito da aplicação foliar de zinco, boro e ácido húmico em diferentes tratamentos (T1 - zinco, T2 - boro, T3 - ácido húmico, T4 - zinco + ácido húmico, T5 - boro + ácido húmico e T6 - controlo) na produção de lac em B. monosperma em Rangeeni lac em B monosperma de 22th agosto de 2014 a 22th setembro de 2014.

5.2 Inoculação de Broodlac

8. monosperma foram inoculadas com Broodlac Rangeeni de alta qualidade de 14th julho a 15th julho 2014. Dependendo do tamanho das árvores hospedeiras, a média de Broodlac inoculada por planta variou de 250g a 333,33g. Não houve diferença significativa no peso médio de Broodlac inoculado entre os tratamentos.

A disponibilidade atempada de broodlac livre de pragas e de qualidade é o mais importante para a cultura da lacticultura (Singh, 2010), especialmente em julho para as culturas de lacticultura da estação das chuvas (Kumar e Das, 2012). Aproximadamente 4,0 kg de broodlac de Kusmi foram necessários para a operação de inoculação de uma árvore Kusum média, enquanto 1,5 kg para a árvore Zizyphus mauritiana e 750g a 1,0 kg de broodlac para a árvore B. monosperma (Srivastava, 2011), Kumar e Das (2011), no entanto, relataram a necessidade de 20g-30g de broodlac por metro de ramo suculento. Em M.P., a quantidade de broodlac utilizada para Z. mauritiana e B. monosperma variou de 500g a 700g por planta (Patel, 2013., Janghel, 2013).

O presente trabalho de investigação está de acordo com as conclusões dos trabalhadores anteriores, uma vez que no presente estudo o B. monosperma era de tamanho médio, pelo que o broodlac utilizado variou de 250g a 333,33g. Nenhuma diferença significativa na inoculação do broodlac indica que, independentemente dos tratamentos, a inoculação do broodlac foi uniforme na experiência.

5.3 Deslocação

O deslocamento do Broodlac inoculado na árvore hospedeira de ramos assentados com larvas de laca para ramos menos assentados ou novos ramos da mesma B. monosperma foi feito em 7th dias após a BLI, ou seja, em 23rd de julho de 2014, para garantir a distribuição uniforme da criação em todos os ramos de B. monosperma onde não havia assentamento de larvas de laca ou este era insuficiente. O processo de deslocação foi desenvolvido para uma utilização eficiente da criação e foi realizado pela primeira vez por Khobragade (2012). Desde então, a deslocação tornou-se popular e a operação foi seguida por muitos trabalhadores (Kunal 2013, Janghel, 2013 e Patel 2013).

5.4 Remoção do Phunki

As varas de criação sem larvas de K. lacca, denominadas phunki, foram removidas após 21 dias de BLI (6 de agosto de 2014) para obter a lacra crua e remover os predadores que nelas se alojam. A remoção da phunki após três semanas de BLI foi sugerida por (Sharma e Jaiswal, 2011) e seguida por Khobragade (2012), Janghel (2013), Patel (2013) e Kunal (2013). A remoção da phunki é uma operação de mão de obra intensiva, mas a lacraia raspada proporciona aos lacticultores um rendimento em dinheiro após 30 dias de BLI.

5.5 Densidade populacional de Rangeeni lac

A contagem média de colonização larvar por 2,5 cm2 dos ramos suculentos do inseto Rangeeni lac foi registada aos 30, 45, 60 e 105 dias de BLI (na colheita).

(a) . 30 dias após a BLI

O número médio de insectos lacustres instalados por 2,5 cm2 diferiu significativamente entre os seis tratamentos aos 30 dias após a BLI. A densidade foi mais alta em T1 (58,24) seguido por T6 (55,06), T5 (51,47), T4 (47,94), T3 (42,91) e T2 (37,95). A densidade de insectos lacustres no tratamento T6 foi igual à dos tratamentos T5, T4 e T1, mas foi significativamente superior à dos tratamentos T3 e T2. Da mesma forma, no tratamento T5, a densidade foi significativamente maior do que no tratamento T2 e igual à dos restantes tratamentos. No caso do T1, foi significativamente maior do que o T3 e o T2, mas igual ao resto dos tratamentos.

A densidade de colonização de insectos lacustres não foi afetada pelos tratamentos; a aplicação foliar foi feita 30 dias após a BLI. A diferença na densidade pode ser um fenómeno natural, uma vez que os insectos de vida livre tendem a instalar-se por si próprios num determinado ecossistema.

(b) . Sobrevivência do inseto lac (%) 45 dias após a BLI

A porcentagem de insetos sobreviventes aos 45 dias após a BLI foi maior em T1 (73,58), seguida por T4 (68,79), T5 (67,35), T2 (67,10), T3 (65,91) e T6 (64,27). Houve uma diferença significativa na porcentagem de sobrevivência do inseto da laca nos diferentes tratamentos. Foi significativamente maior em T1 (Zn) em relação a todos os tratamentos. No entanto, T2, T3, T4 e T5 foram iguais entre si.

Sabe-se que o Zn tem um papel importante quer como componente metálico de enzimas quer como co-fator funcional, estrutural ou regulador de muitas enzimas. Actua como uma co-enzima na síntese do aminoácido - triptofano que é um precursor da hormona de crescimento - ácido indol acético (Mallick e Muthukrishnan 1979). O Zn tem também muitos papéis essenciais no crescimento e desenvolvimento das plantas, incluindo a produção de biomassa, produção de clorofila, função polínica, fertilização, metabolismo do ARN, proteínas e formação de ADN (Marschner, 1995; Pandey et al., 2006; Cakmak, 2008). O Zn é relativamente móvel no floema de plantas jovens de trigo (Kochian et al, 1991). É essencial para o crescimento saudável normal e a reprodução de plantas e animais (Sarwar, 2011).

Sob condições de deficiência de Zn, a atividade das enzimas RNA polimerase e síntese de proteínas diminuiu extremamente e a taxa de transformação de aminoácidos diminuiu. Mas com a aplicação de zinco, o conteúdo proteico das sementes aumenta devido ao aumento da atividade da enzima RNA polimerase e da enzima de síntese proteica (Akhtar et al., 2009; Rahman et al., 2008; Sangwan e Raj, 2004; Marshner 1986). Riesen e Feller (2005) referiram que o aumento do Zn foliar estava inicialmente associado a um maior número de ninfas. Na B. monosperma tratada com Zn, a sobrevivência das larvas foi 24,6 por cento superior à do controlo. É uma indicação de que o Zn influencia a sobrevivência das larvas em percentagem

(c) . Sobrevivência do inseto lac (%) aos 60 e 105 dias após a BLI

A razão para a diferença não significativa entre os tratamentos na percentagem de sobrevivência do inseto da laca aos 60 e 105 dias após a BLI não é claramente compreendida. A percentagem de sobrevivência de insectos da laca na colheita variou entre 33,53 e 41,77%, o que foi mais elevado em comparação com relatórios anteriores de Patel (2013): 22 a 27% na cultura Aghani Kusmi lac, 27 a 32% na cultura Katki em B. monosperma (Janghel 2013), a cultura Baisakhi em Z. mauritiana foi de 21 a 25% (Kunal 2013).

5.6 Sticklac

Os ramos da árvore hospedeira da laceira com incrustações de lacas de insectos maduros, quando prontos para a colheita, são designados por sticklac. O número médio de sticklac por planta variou de 5,00 a 7,08. O número médio de sticklac foi maior em T1 (7,08) seguido por T4 (6,08), T6 (5,58), T5 (5,50), T2 (5,33) e T3 (5,00). Não houve diferença significativa no número de sticklac entre os diferentes tratamentos.

O assentamento de larvas do inseto da laca em ramos suculentos na altura da BLI decide o número de galhas. No presente estudo, os tratamentos foram aplicados 30 dias após a BLI. A diferença não significativa no número de sticklac reafirma que a seleção de árvores com elevado nível de uniformidade foi mantida e que a qualidade do Broodlac utilizado era de melhor qualidade.

5.7 Peso do sticklac

O peso médio de sticklac por 30 cm variou de 46,25 a 63,50g. Foi maior em T1 (63,50) seguido por T2 (57,56), T3 (52,94) T4 (50,38), T5 (49,94) e T6 (46,25). Embora tenha havido uma diferença significativa em todos os tratamentos, mas T2, T3 e T4 foram iguais entre si. A aplicação de Zn aumenta o crescimento das plantas através da produção de IAA e do metabolismo, pelo que é provável que o tratamento com Zn possa ter significado no aumento do peso do sticklac.

5.8 Peso seco da célula 100 lac

Cada inseto lacca segrega resina sobre o seu corpo, formando uma "célula". O tamanho e o peso da célula da laca dependem da qualidade e da quantidade de seiva do floema disponível para a K. lacca. O peso de cada célula decide coletivamente o rendimento total das culturas, pelo que o peso de 100 células de lacca é um bom índice de desempenho da cultura da lacca. O peso seco médio de 100 células do inseto lacca foi mais elevado em T1 (3.68g) seguido por T2 (3,49g), T5 (3,43g), T4 (3,41g), T6 (3,21g) e T3 (3,03g). O peso médio de 100 células nos tratamentos T5, T4 e T2 foram iguais entre si, mas foi significativamente maior do que nos tratamentos T6 e T3.

O Zn é um nutriente mineral essencial para as plantas que actua como co-fator de 300 enzimas/proteínas, que participam no metabolismo dos ácidos nucleicos, na divisão celular e na síntese de proteínas Marschner (1986). Assim, o Zn estimula o crescimento dos tecidos vegetais Mallick e Muthukrishnan (1979), uma vez que está intimamente envolvido no metabolismo do azoto das plantas. Em plantas com deficiências de Zn, a síntese proteica e os níveis de proteína são drasticamente reduzidos, enquanto os aminoácidos se acumulam (Purohit, 2007). Estas podem ser as possíveis razões para um aumento do peso de 100 células no caso de tratamento com Zn. Além disso, o peso médio de 100 células de Rangeeni lac variou de 3,03 a 3,68g, o que foi relatado por Patel (2013) por 2,63g mais alto então.

5.9 Peso seco de sucata de laca por pé de sticklac

O peso seco médio da rama por pé de sticklac foi maior no T1, (13,93g), seguido do T5 (11,84g), T4 (11,66g), T3 (11,44g), T2 (9,50g) e T6 (9,22g). O peso médio da rama no tratamento T6 foi igual ao de todos os tratamentos, exceto T1. O peso médio no tratamento T6 foi significativamente maior do que no tratamento T2, mas foi igual ao dos tratamentos T5, T4 e T3.

5. 10 Rendimento do lacticínio bruto

O rendimento médio de rama (kg) por planta obtido após a colheita da cultura da rama foi de 2,10, 1,53, 1,45, 1,66, 1,47 e 0,58 kg, respetivamente, nos tratamentos T1, T2, T3, T4, T5 e T6. Houve uma diferença significativa no rendimento médio de lacas cruas em todos os tratamentos. Os tratamentos T2 e T4 foram iguais entre si.

Foi demonstrado que, em condições de deficiência de Zn, a atividade da enzima RNA polimerase e da enzima de síntese de proteínas é extremamente reduzida e a taxa de transformação de aminoácidos diminui. Com a aplicação de Zn, as proteínas das sementes aumentam devido ao aumento da atividade da enzima RNA polimerase e da enzima de síntese proteica (Akhtar et al., 2009; Rahman et al., 2008; Sangwan e Raj, 2004; Marshner 1986). No presente estudo, o rendimento de lacticínios crus em B. monosperma com tratamento de nutrientes aumentou significativamente em relação ao controlo. Este facto pode ser atribuído à gestão dos nutrientes da planta hospedeira.

5.11 Resultado líquido

O lucro líquido foi mais elevado (Rs 394,4 por árvore) no caso do Zn, seguido de (Rs 274,65 por árvore) B, (Rs 251,1 por árvore) HA, (Rs 212,85 por árvore) Zn+ HA, (Rs 207,75 por árvore) B+HA e foi mais baixo (Rs 76,96 por árvore) no caso do Controlo. A relação Custo-Benefício foi mais elevada (1:4,99) no Zn, seguida de (1:3,94) B, (1:2,05) Zn+ HA, (1:1,87) HA, (1:1,69) B+HA e foi mais baixa (1:1,45) no caso do Controlo. O rácio C:B de referência de outros trabalhadores é de 1:3,83 a 1:7,85 (Patel, 2013), 1:6,07 a 1:6,93 (Namdev, 2014) em Zizyphus mauritiana e 1:4,76 a 1:6,05 (Janghel, 2013) em B.monosperma

CAPÍTULO 6

RESUMO, CONCLUSÕES E SUGESTÕES PARA TRABALHOS FUTUROS

6.1 Resumo

O presente trabalho de investigação **"Estudo sobre o efeito da aplicação de boro, zinco e ácido húmico em** Butea monosperma **no desempenho de *Rangeeni lac*" foi** realizado durante o ano de 2014-15, de junho de 2014 a novembro de 2014, na aldeia de Dungariya, Bloco de Barghat, Distrito de Seoni, Madhya Pradesh, no campo de produtores de lac com seis tratamentos.

As aplicações de nutrientes através de pulverização foliar foram efectuadas em B monosperma de 22th de agosto a 22 de setembro de 2014. Os nutrientes, nomeadamente zinco, boro e ácido húmico, foram aplicados por pulverização foliar em diferentes tratamentos: T1-Zinco, T2-Boro, T3-Ácido húmico, T4-Zinco+Ácido húmico, T5-Boro+Ácido húmico e T6-Controlo.

Todos os tratamentos foram pulverizados com o inseticida cloridrato de Cartap para minimizar a incidência de predadores e parasitas de Kerria lacca. Os três calendários de pulverização de nutrientes foram seguidos com um intervalo de 15 dias em todos os tratamentos, exceto no controlo.

6.1.1 Gestão dos nutrientes

A gestão dos nutrientes nas plantas é muito importante para o seu crescimento e produção e os nutrientes das plantas têm um impacto no crescimento e reprodução dos alimentadores de floema. Os micronutrientes desempenham um papel vital no crescimento das plantas, especialmente o zinco e o boro. O zinco é necessário para a síntese do ácido indole-acético, que é uma importante hormona de crescimento nas plantas e acelera a síntese de proteínas e estimula a fosfolização e as enzimas dos plastídeos verdes (Marschner, 1995; Cakmak et al., 1989; Pedler et al., 2000;). Na seiva do floema, o zinco forma complexos com ácidos orgânicos de baixo peso molecular, aumentando a sua concentração (Kochian, 1991). Dyar e Webb, (1961) referiram que as plantas necessitam de B para a síntese de aminoácidos, proteínas e regulação do metabolismo dos hidratos de carbono. Sabe-se que o zinco tem um papel importante quer como componente metálico de enzimas quer como cofator funcional, estrutural ou regulador de muitas enzimas. Actua como uma co-enzima na síntese do triptofano (aminoácido) - um precursor da hormona do crescimento - ácido indol acético (Mallick e Muthukrishnan 1979). O zinco também tem muitos papéis essenciais no crescimento e desenvolvimento das plantas, incluindo a produção de biomassa, produção de clorofila, função polínica, fertilização, metabolismo de RNA, proteínas e formação de DNA (Marschner, 1995; Pandey et al., 2006; Cakmak, 2008). Sarwar (2011) observou que o zinco é essencial para o crescimento saudável normal e a reprodução de plantas e animais.

A relação inseto-planta é afetada pela aplicação de micro ou macro nutrientes às plantas cultivadas. As plantas deficientes em nutrientes permanecem fracas e vulneráveis à incidência de doenças das plantas e ao ataque de pragas de insectos.

A seiva do floema é uma fonte alimentar extrema utilizada como dieta dominante ou única dos insectos da ordem Hemiptera. Os aminoácidos essenciais presentes na seiva das plantas são essenciais para o crescimento e a reprodução dos insectos sugadores. As plantas fornecem nutrientes aos insectos herbívoros. Qualquer aumento do teor de nutrientes da planta é suscetível de aumentar a sua aceitabilidade pelas populações de pragas.

6.1.2 Densidade populacional de K. lacca

A inoculação média de larvas de lacca por planta de B. monosperma variou de 250g a 333,33g. Como os galhos das árvores hospedeiras de lacca são cilíndricos e estreitos, é praticamente difícil marcar uma área de uma polegada quadrada e depois contar as larvas de K. lacca, que geralmente têm 0,5 mm de tamanho. No presente estudo, a área utilizada para a contagem de insectos da lacticultura foi de 2,5 cm2 . Esta área proporciona um espaço confortável para uma contagem exacta dos insectos lacticídeos. A média de colonização e sobrevivência de larvas de lagarta por 2,5 cm2, desde 30 dias após a BLI até à colheita da cultura da lagarta, mostrou uma diferença significativa entre os seis tratamentos. O número médio de insectos de laca colonizados por 2,5 cm2 diferiu entre os seis tratamentos aos 30 dias após a BLI. A densidade foi maior em T1 (58,24), seguido por T6 (55,06), T5 (51,47), T4 (47,94), T3 (42,91) e T2 (37,95). A porcentagem de sobrevivência do inseto da laca aos 45 dias após a BLI nos diferentes tratamentos. O T1 mais alto (73,58) seguido por T4 (68,79), T5 (67,35), T2 (67,10), T3 (65,91) e T6 (64,27). Houve diferença significativa na porcentagem de sobrevivência do inseto da lagarta nos diferentes tratamentos.

A porcentagem de sobrevivência do inseto da laca nos diferentes tratamentos aos 60 dias após a BLI. A porcentagem de sobrevivência do inseto foi maior no T4 (58,85), seguido pelo T3 (57,49), T1 (56,80), T5 (56,33), T2 (56,26) e T6 (54,78). Os diferentes tratamentos aos 105 dias após a BLI. A porcentagem de insetos lacustres foi mais alta em T3 (41,77), seguida por T2 (40,79), T4 (39,13), T5 (38,97), T1 (37,00) e T6 (33,53). A razão para não haver diferença significativa entre os tratamentos na porcentagem de sobrevivência do inseto da laca aos 60 e 105 dias após a BLI não é claramente compreendida, mas a sobrevivência do inseto da laca foi máxima em todos os tratamentos em relação ao controle na colheita.

1.1.3 Sticklac

Os ramos da árvore hospedeira da laceira com incrustações de lacas de insectos maduros da laceira quando prontos para a colheita são designados por sticklac. O número médio de sticklac por planta variou de 5,00 a 7,08. O número médio de sticklac foi maior em T1 (7,08) seguido por T4 (6,08), T6 (5,58), T5 (5,50), T2 (5,33) e T3 (5,00). Não houve diferença significativa no sticklac entre os diferentes tratamentos. A qualidade do alimento depende dos nutrientes disponíveis na planta hospedeira. Assim, a fixação de K. lacca depende de muitas razões para além da disponibilidade de rebentos suculentos. Uma maior densidade do inseto lacca significa uma maior competição pelo alimento.

1.1.4 Peso seco da célula 100 lac

O peso seco médio de 100 células de inseto da laceira foi mais elevado em T1, (3,68g) seguido de T2 (3,49g) T5 (3,43g), T4 (3,41g), T6 (3,21g) e T3 (3,03g). Houve um aumento significativo do peso seco de 100 células de lac de Rangeeni lac, foi maior do que o controlo em T1 (14,64%) seguido de T2 (8,77%), T5 (6,85%) e T4 (6,23%).

1.1.5 Rendimento do leite cru

O rendimento médio de laca crua (kg) por planta obtido após a colheita da cultura da laca foi de 2,10, 1,53, 1,45, 1,66, 1,47 e 0,58 kg respetivamente entre os tratamentos T1, T2, T3, T4, T5 e T6. Houve um aumento no rendimento médio de laca por B. monosperma em relação ao controlo (T6). Foi maior do que o controlo (T6) em T1 (262,06%), seguido de T4 (186,2%), T2 (163,7%), T5 (153,4%) e T3 (150%). É interessante notar que, através do assentamento larval 30 dias após a BLI e da porcentagem de sobrevivência ao inseto lacticida (células), o peso de 100 células da produção de lacas brutas foi maior em B. monosperma tratada com zinco.

O rendimento de lacticínios crus em B. monosperma com tratamento de nutrientes aumentou significativamente em relação ao controlo. Este facto pode ser atribuído à gestão dos nutrientes da planta hospedeira.

6.2 Lucro líquido

O lucro líquido foi mais alto (Rs 394,4 por árvore) no caso do Zinco (T1) seguido de (Rs 274,65 por árvore) Boro (T2), (Rs 251,1 por árvore) Zinco+Ácido Húmico (T4), (Rs 212,85 por árvore) Ácido Húmico (T3), (Rs 207,75 por árvore) Boro+Ácido Húmico (T5) e foi mais baixo (Rs 76,96 por árvore) no caso do Controlo (T6). Houve um aumento no rendimento líquido da produção de lacticínios em todos os tratamentos em relação ao controlo: T1 (317,44 Rs), T2 (197,89 Rs), T4 (174,14 Rs), T3 (135,14 Rs) e T5 (130,76Rs). A relação custo-benefício foi mais alta (1:4.99) no Zinco seguido por (1:3.94) boro, (1:2.05) Zinco+Ácido Húmico, (1:1.87) Ácido Húmico, (1:1.69) boro+Ácido Húmico e foi mais baixa (1:1.45) no caso do Controlo.

6.3 Conclusões

I. A aplicação foliar de zinco aos 30, 45 e 60 dias após a BLI aumentou o rendimento de lacas em 262,06 por cento em relação ao controlo.

II. O boro e o ácido húmico também aumentam o rendimento de lac em relação ao controlo.

6. 4 Sugestões para trabalhos futuros

I. O pedido de zinco pode ser efectuado um mês antes da BLI.

II. A dose de aplicação de zinco precisa de ser calibrada.

CAPÍTULO 7

BIBLIOGRAFIA

Abro GH, Syed TS, Unar MA e Zhang MS. (2004). Efeito da aplicação de um regulador de crescimento vegetal e de micronutrientes na infestação de insectos e nos componentes do rendimento do algodão. J. Entomol 1(1): 12-16.

Akhtar, T. Alam, C.H., e Maksood, K.N (2009). Utilização de fosfolipase para a recuperação de antigénios em imunohistoquímica de montagem integral de peixe-zebra Zebrafish 6(3): 223-227.

Aldesuquy H.S., Ibrahim H.A (2000). O papel do ácido chiquímico na regulação do crescimento, transpiração, pigmentação, atividade fotossintética e produtividade das plantas *de Vigna sinensis*. Phyton 2000;40:277-292.

Alloway, J. D (2002). Efeito de reguladores de crescimento e micronutrientes na granulação e qualidade dos frutos de laranjas doces cv. Jaffa. Punjab Hort. J 30(1-4):13-19.]

Azarpour L, Malhi CS, Singh Z (2011). Efeito das aplicações foliares e no solo de sulfato de zinco na absorção de zinco, tamanho da árvore, produção e qualidade dos frutos da manga. J. Plant Nutr. 21(3):589-600.

Baidoo, P.K. e Mochiah, M.B. (2011).A incidência da aplicação de nutrientes sobre as pragas e os inimigos naturais das pragas do quiabeiro *Abelmoschus esculentus* (L.)

Barbour JD, Farrar RR, Kennedy GG. (1991). Interação do regime de fertilizantes com a resistência da planta hospedeira no tomate. Entomol. Exp. Appl 60:289-300.

Becker D. (1973). Beitrage zur Kenntnis der biochemischen Leistung phanzlicher Assimilatlietbahnen Dissertação Universidade Técnica, Munique.

Bentz, J.A., J. Reeves, P. Barbosa e B. Francis, (1995) Efeito do fertilizante azotado na seleção, aceitação e adequação da *Euphorbia* pulcherrima como planta hospedeira da Bemisia tabaci. Environ. Entomol 24: 40-45.

Bhattacharya, (2013). Gestão de predadores de insectos lacustres através de abordagens bioregionais baseadas em IPM. Tendências emergentes da investigação em gestão de pragas de insectos e segurança ambiental. 1(2):221-226.

Bhinde MR. (1993). Vermicomposto. Trabalho apresentado nos seminários de formação de curta duração, organizados por Prakruti no Centro Yusuf Meharally. Tara Dist, Raigud 3 - 4 julho.

Bi, Ballmer GR, Hendrix DL, Henneberry TJ, Toscano NC. (2001). Efeito da fertilização com azoto do algodão na população de Bemisia argentifolii e na produção de melada. Entomol Exp Appl.99: 25-36.

Blevins DG and, Lukaszewski KM (1998) Boron in plant structure and function. Annu. Rev. Plant Physiol. Plant Mol. Biol. 49, 481-500.

Bungard RA, Wingler A, Morton JD e Andrews M. (1999). O amónio pode estimular a redutase do nitrato e do nitrito na ausência de nitrato em Clematis vitalba . vitalba. Plant Cell Env. 22: 859-866.

Cagamang, G. B.Pathak, M. D., e Juliano, B. O. (1974). Alterações metabólicas na planta de arroz durante a infestação pela cigarrinha castanha, Nilaparvata lugens Stal (Hemiptera: Delphacidae). Appl. Entomol. Zool. 9:174-184.]

Cakmak I, Kurz H, Marschner H (1989) Short-term effects of boron, germanium and high light intensity on membrane permeability in boron deficient leaves of sunflower. Physiol. Plant. 95(1):11-18.

Cakmak, I. (2008). O papel do potássio na atenuação dos efeitos prejudiciais do stress abiótico nas plantas. J. Plant Nutr. Soil Sci. 168: 521-530.

Campbell, R., (1989). Biological control of microbial plant pathogens, p. 199. Cambridge Univ. Press Cambridge UK.

Chandler, D. R., Amold, M.D., Slosser, J.E., Neece, K.C. e Pinchak, W.E. (1931). Factores culturais que influenciam a abundância de Aphis gossypii Glover no algodão das planícies altas do Texas. South Western Entomologists 20, 396-406.

Cheng, C. H. (1971). Efeito da aplicação de azoto na suscetibilidade do arroz ao ataque da cigarrinha castanha. J. Taiwan Agric. Res. 20:21-30.

Choudhary, A., A.K. Jaiswal, S. Kumar e K.K. Kumar (1982). Gestão de lepidópteros predadores de insectos da laca através da manipulação do habitat. Entomon Trivandrum, Índia: Associação para o Avanço da Entomologia. 31(1):53-56.

Cisneros, J.J. e Godfery, L.D., (1998). Factores agronómicos e ambientais que influenciam o controlo dos afídeos do algodão com insecticidas. Proceedings Beltwide Cotton Conference, San Diego, Califórnia, EUA, 5-9 de janeiro, 2, 1242-1246.

Coke L, Whittington WJ (1968). O papel do boro no crescimento das plantas: IV. Inter-relações entre boro e ácido indol-3-liático no metabolismo de radículas de feijão. Journal of Experimental Botany 19 (2): 295-308.doi:10.1093/jxb/19.2.295

Colton HS. (1984). A anatomia da fêmea dc inseto lacustre americano Tachardiella larea Bull. Mus. Nth. Arizona Flagstaff 21:1 -24.

Cook, A. G., e Denno, R. F. (1994). Interações planta- cigarrinha/planta: Feeding behavior, plant nutrition, plant defensedefence, and host plant specialization, pp. 114-139, em R. F. Denno e T. J. Perfect (eds.). Plan hoppers: Their Ecology and Management. Chapman and Hall, Nova Iorque.

Cottam DA. (1985). Frequency dependent grazing by slugs and grasshoppers. J. Eco. 73: 925-933.

Dadd, R. A., e Krirger, D. L. (1968). Necessidades de aminoácidos na dieta do afídeo Myzus persicae. J. Insect. Physiol. 14:741-764.

Day, K. R., Armour, H., & Docherty, M. (2004). Respostas populacionais de um pulgão que habita coníferas a mudanças sazonais no seu hospedeiro. Ecological Entomology 29, 555-565.

De-Kraker, J.,(, (1996). O potencial dos inimigos naturais para suprimir as populações da pasta da folha do arroz. [Tese de doutoramento]. Universidade Agrícola de Wageningen, Wageningen.

Denno, R. F., L. W. Douglass, e D. Jacobs. 1986). Effects of crowding and host plant nutrition on a wing-dimorphic planthopper Ecclogy 67:116-123.

Dianda MJ, Bayala T, Diop SJ e Quedraogo (2009). Melhorar o crescimento de mudas de árvore de carité (Vitellaria paradoxa C.F Gaertn.) usando N mineral, P e fungos micorrízicos arbusculares (AM). Biotechnol. Agron. Soc. Environ.13: 93-102.

Dixon, A. F. G. e P. Kindlmann. (1998). Population dynamics of aphids, pp. 207-230. Em Dempster J. P. e I. F. G. MacLean (eds.). Insect Populations. Kluwer Academic Publishers, Dordrecht, Países Baixos.

Douglas AE. (2003). Fisiologia nutricional dos afídeos. Adv. Insect Physiol. 31:73-140

Douglas, A. E. (1993). A qualidade nutricional da seiva do floema utilizada por populações naturais de afídeos. Ecol. Entomol. 18, 3 -38.

Dyar JJ e, Webb KL (1961). Uma relação entre boro e auxina na translocação de C^{14} em plantas de feijão. Pl. Physiol. 36:672-676.

Dyck VA, Misra BC, Alam S, Chen CN, Hsieh CY, Rejesus RS. (1979). Ecologia da cigarrinha-das-pastagens nos trópicos. In: IRRI, editor.

Brown planthopper: threat to rice production in Asia. Manila (Filipinas): Instituto Internacional de Investigação do Arroz. p 61-98.

Embden HF Van. (1973). Relações entre plantas hospedeiras de afídeos, alguns estudos recentes.

Entomol. Soc. N. EMD Z. Bull. 2:54-64

Farouk S, Mosa AA, Taha AA, Ibrahim HM, EL -Gahmery AM (2011). Efeito protetor do ácido húmico e do quitosano em plantas de rabanete (Raphanus sativus, L. var. sativus) sujeitas a stress de cádmio. J. Stress Physiol. Biochem. 7(2):99-116.

Fisher, D. B., & Frame, J. M. (1984). A guide to the use of exuding-stylet technique in phloem physiology. Planta. 161, 385-393.

Ge F, Liu X, Li H, Men X e Su J. (2003). Efeito do fertilizante azotado na população de pragas e na produção de algodão. Chin. J. Appl. Ecol. 14:1735-1738.

Ghallab et al. (2014). Impacto de diferentes tipos de fertilizantes para reduzir a densidade populacional das pragas sugadoras de seiva em plantas de feijão Egyptian Academic Journal of Biological Sciences Egypt. Acad. J. Biolog. Sci 7(2): 1 - 8 (2014).

Ghosal, ., (2009). Rendimento de Kusmi lac no inverno afetado pelo clima e pelo efeito direcional nas árvores de bérberis (Zizyphus mauritiana). Indian J. Agri. Sci., 82(4):384-387.

Godfery, L.D.; Keillor, K.; Hutmacher, R.B. e Cisneros, J.J., (1999). Interação entre a dinâmica da população de afídeos do algodão e o regime de fertilização do algodão na Califórnia. Cotton Proceeding Beltwide Cotton Conference, Orlando, Florida, EUA, 3-7 de janeiro 2, 1008-1011.

Gogi M.D, M.J Arif, M.Asif, M.H Bashir, M. Arshad, e A. Anwar, (2012). Impacto dos planos de gestão de nutrientes na infestação de Bemicia tabaci e no rendimento do algodão não-Bt (Gossypium hirsutum) em condições não pulverizadas. Pak. Entomol, 34 (1):87-92.

Hatwar GP, Gondane SU, Urkude SM, Gahukar OV (2003). Efeito dos micronutrientes no crescimento e rendimento da malagueta. J. Soil Crops 13(1):123- 126.

Heinrichs, E A e F G Medrano. (1985). Influência do fertilizante azotado no desenvolvimento populacional da cigarrinha-das-pastagens. Intl. Rice Res. Newsl. 10: 20-21.

Hendrix, D. L., & Salvucci, M. E. (1998). Polyol metabolism in Homopterans at high temperatures: accumulation of mannitol in aphids (Aphididae: Homoptera) and sorbitol in whiteflies (Aleyrodidae : Homoptera). Comparativo.

Huang L, Bell RW, Dell B (2008). Evidência do transporte de boro do floema em resposta à interrupção do fornecimento de boro no tremoço branco (Lupinus albus L. cv. Kiev Mutant) na fase reprodutiva. J. Exp. Bot. (em linha, doi:10. 1093/jxb/erm336).

Huber DM e Thompson IM. (2007). Nitrogénio e doenças das plantas. In: Datnoff LE, WH Elmer, DM Huber (Eds.) Mineral Nutrition and Plant Disease. APS Press, EUA.

Jaiswal AK e Dwivedi BK (2005). Como cultivar o inseto lacticida na árvore de Butea monosperma (Palas/Dhak). New Agriculturist 16 (1/2):155-164.

Jaiswal, A.K. (2011). Estimativa do rendimento das culturas com base na análise de correlação e regessão em árvores hospedeiras de lac. J. Non-Timb Forest Prod., 8(1/2):379-81.

Jaiswal, A.K., A. Bhattacharya (2013). Avaliação de ethofenprox (Nukil 10 EC) na cultura de insectos lac para a gestão de Eublemma amabilis Moore-A predador de lepidópteros. Novo horizonte das ciências animais. Sociedade Zoológica da Índia, Universidade de Magadh, Bodh Gaya. Bihar, Índia, pp.47-50.

Jaiswal, A.K., Govind pal e J.P. Singh (2013). Análise do crescimento da produção de lacticínios em Madhya Pradesh Indian Forester. 139 (5):448-452.

Janghel SK e Patel (2013) Estudo sobre a eficácia comparativa de insecticidas na gestão de predadores da cultura de lacticínios Katki na aldeia de Malhara, bloco de Barghat, distrito de Seoni, M.P., Tese de Mestrado (Ag.) apresentada em JNKVV, Jabalpur.

Jhan, G.C. (2004). Efeito dos nutrientes do solo no crescimento, sobrevivência e fecundidade de insectos pragas do arroz: uma visão geral e uma teoria dos surtos de pragas com consideração de abordagens de investigação. interações no solo e controlo integrado. Boletim wprs da Organização Internacional de Controlo Biológico (IOBC) 27 (1): 115-122.

Jhan, G.C., Almazan, L.P., e Pacia, J. (2005). Efeito do fertilizante azotado na taxa intrínseca do pulgão da ameixa ferrugenta, Hysteroneura setariae (Thomas) (Homoptera: Aphididae) no arroz (Oryza sativa L.). Environmental Entomology 34 (4): 938-943.

Kaya M, Atak M, Khawar KM, Qiftci CY, Ozcan S (2005). Efeito do tratamento de sementes antes da sementeira com zinco e pulverização foliar de ácidos húmicos no rendimento do feijão comum (Phaseolus vulgaris L.). Int. J. Agri. Biol. 7(6):875-878.

Kehr J. (2006). Phloem sap protein: their identities and potential role in the interaction between plant and phloem-feeding insects. Journal of Experimental Botany, 57(4):767-774.

Khobragade D.K. (2010). Estudos sobre a Incidência dos principais predadores de Kerria lacca (Kerr.) e a sua gestão na cultura de Baishakhi lac no distrito de Anuppur, Madhya Pradesh. Tese de Mestrado (Ag.) apresentada em JNKVV, Jabalpur.

Klingauf R.K (1987). Efeito da aplicação foliar de sulfato de zinco e ácido bórico no crescimento, rendimento e constituintes químicos de plantas de íris, Ozean J. Appl. Sci. 4(2):129-144.

Kochiah P, Durgadevi D, Kumar N (1991). Efeito da fertilização com zinco e boro na melhoria da produção de frutos da papaia (Carica papaya L.) cv. Co5. J. Plant Nutr. Food Security and Sustainability of agroecosystems (Segurança alimentar e sustentabilidade dos agroecossistemas). Kluwer Academic, Holanda, pp. 356-357.

Kumar A e Das R. (20112). New technology and chances of lac culture. ICFRE Dehradun pp. 5-7.

Kunal R.(. (2013). Estudo sobre a vigilância de predadores e a sua gestão em Rangeeni lac no bloco de Barghat, distrito de Seoni Madhya Pradesh. Dissertação de Mestrado (Ag.) apresentada em JNKVV, Jabalpur.

Li, R.D., Ding, J.H., Wu, G.W. e Shu, D.M. (1996) The Brown Planthopper and Its Population Management. Fudan University Press, Shanghai, China (em chinês).

Lu ZX, Heong KL, Yu XP, Hu C. (2005). Efeitos do nutriente azoto no comportamento de alimentação e oviposição da cigarrinha castanha, Nilaparvata lugens, em IR64. J. Zhejiang Univ. (Agric. & Life Sci.) 31(1):62-70.

Lu, Z X, K L Heong, X P Yu e C Hu. (2004). Efeitos do azoto vegetal na aptidão ecológica da cigarrinha castanha, Nilaparvata lugens, no arroz. J. Asia-Pacific Entomol, 7: 97-104.

Lu, ZX, Heong K L e C Hu. (2007). Efeito do fertilizante de azoto nos herbívoros e sua estimulação para as principais pragas de insectos no arroz. Rice Sci. 14: 56-66.

Malik, M.A., M.I. Makhdum e S.I.H. Shah, (1992). Resposta do algodão ao fertilizante de boro em solos de argila siltosa. In: Saúde do solo para uma agricultura sustentável. Proc. 3º Congresso Nacional de Ciência do Solo de Lahore. Sociedade de Ciência do Solo do Paquistão, 20-22 de março de 1990:331-36 pp.

Mallick MFR, Muthukrishnan CR (1979). Effect of micronutrients on tomato (Lycopersicon esculentum Mill) I- Effect on growth and development. South Indian Hort. 21(1-2):121-123.

Manas et al. (2014) Efeito da aplicação foliar de ácido húmico, zinco e bo-ron nas alterações bioquímicas relacionadas com a produtividade da pimenta picante (Capsicum annuum L.) African Journal of Plant Science Vol. 8(6), pp. 320-335, junho de 2014 DOI: 10.5897/AJPS2014.1155.

Marschner H (1986). Mineral nutrition of higher plants. Academic Press, San Diego, CA.

Marschner H (1995). Mineral Nutrition of Higher Plants. 2nd eds. Aca-demic Press, San Diego pp. 379-396.

Marschner H. (1995). Mineral nutrient of higher plants. Edição 2, Academic Press Limited. Harcourt Brace and Company Publishers, Londres.

Marschner H.1(H.1 (996). Mineral nutrient of higher plants Second Ed., Academic Press Limited. Harcourt Brace and Company, Publishers, Londres pp. 347-364. 1995 J. appl. Biosci. 41: 2765 - 2771.

McCLureE, M. S. (1980). Azoto foliar: A basis for host suitability for elongate hemlock scale, Fiorinia externa (Homoptera: Diaspididae). Ecology. 61:72-79.

Mcneill, S., e Southwood, T. R. E. (1978). The role of nitrogen in the development of insect/ plant relationships, pp. 77-98, em J. B. Harbome e H. F. van Emden (eds.). Biochemical Aspects of Insect/Plant Interactions. Academic Press, Nova Iorque.

Meyer, B. S. e D. B. Anderson. (1961). Fisiologia vegetal. Sec. Ed. Sétima impressão Ch. (25): 483 - 486.

Miller G.W., Huang I.J., Welkie G.W., Pushmik J.C. (1995). Função do ferro nas plantas, com especial ênfase nos cloroplastos e na atividade fotossintética. In: Abadia J. (ed.) Iron nutrition in soils and plants. Kluwer

Academic Publishers, Dordrecht; DOI: 10.1007/978- 94-011-0503- 3_4

Mishra YD, Sushil SN, Bhattacharya A, Kumar S, Mallick A e Sharma KK (1999). Variação intra-específica nas plantas hospedeiras que afectam a produtividade do inseto da lacticultura indiana, Kerria lacca (Kerr). J. Non Timb. Forest Prod. 6 (3/4):114-116.

Namdev BK. (2014). Estudo sobre o desempenho da cultura Aghani de Kusmi lac em Zizyphus mauritiana gerida por nutrientes sob condições de chuva intensa. Tese de mestrado (Ag.) apresentada em JNKVV, Jabalpur.

Nori M, Aali J e Asl SR. (2012). Efeito de diferentes fontes e níveis de fertilizante azotado no rendimento e na acumulação de nitratos no alho (Allium sativum L.) International Journal of Agriculture and Crop Sciences 4(24): 1878-1880.

Ogle,A. e Thomas M. (2006). Relatório de consultoria técnica sobre o desenvolvimento estratégico da lactação em Madhya Pradesh. Enterplan limited UK. pp. 6165.

Oskarsson DL, Mosa AA, Taha AA, Ibrahim HM, EL -Gahmery AM (2006). Efeito protetor do ácido húmico e do quitosano em plantas de rabanete (Raphanus sativus, L. var. sativus) sujeitas a stress de cádmio. J. Stress Physiol. Biochem. 7(2):99-116.

Oskarsson DL., Sasaki, T., Fukuchi, N. (1995) Effects of crowding and host plant nutrition on a wing-dimorphic planthopper. Ecology 67:116123.

Pandey Ym. Govind pal e J.P. Sing, (2006). Penetração nas plantas por afídeos que se alimentam (Hemiptera: Aphidoidae): uma revisão. *Bull. ent. Res* 62, 631-714.

Parr A J and, Loughman BC (1983) Boron and Membrane Function in Plants. In: Robb DA, Pierpoint WS (eds), Metals and Micronutrients: Uptake

and Utilization, Plants Academic Press, Londres 87 107.es Feed 3 (1): 8-12.

Parry, W. H. (1978). Estudos sobre os factores que afectam os níveis populacionais de Adelges cooleyi (Gillette) em.

Bhagirath Patel. (2013). Desempenho comparativo de Kusmi e Rangeeni lac em Ber, Zizyphus mauritiana na aldeia de Kachana Barghat Block, distrito de Seoni, MP, M.Sc. (Ag.) Tese apresentada em JNKVV, Jabalpur.

Paul A.V.N, (2007) Insect Pests and their Management pp.317. Divisão de Entomologia, Instituto Indiano de Investigação Agrícola, Nova Deli - 110012.

Paul B, Kumar S e Das A. (2013). Cultivo de lac e suas árvores hospedeiras encontradas na Divisão Florestal de Bastar. Plant Scienc.

Pedler, G.C., Almazan, L.P., e Pacia, J. (2000). Efeito do fertilizante azotado na taxa intrínseca do pulgão da ameixa ferrugenta Hysteroneura setariae (Thomas) (Homoptera: Aphididae) no arroz (Oryza sativa L.). Environmental Entomology 34 (4): 938-943.

Phelan PL, KH Norris e JF Mason (1996). História da gestão do solo e preferência do hospedeiro por Ostrinia nubilalis: Evidência de que o equilíbrio mineral da planta medeia as interações inseto-planta. Environ. Entomol 25 (6):1329- 1336.

Phelan, P.L.; Mason, J.F. e Stinner, B.R. (1995). Gestão da fertilidade do solo e preferência do hospedeiro por Ostrinia nubilalis, nascida no milho europeu, em zea pode uma comparação, uma comparação de agricultura química orgânica e convencional. Agric. Ecosyst. Environ 56:1-8...

Prudic, K.L.; Oliver, J.C. e Bowers, M.D., (2005). Efeitos dos nutrientes do solo na preferência de oviposição, desempenho larvar e defesa química de um inseto herbívoro especialista. Oecolgia 143:578-587.

Purohit J.R. (2007). Efeito dos fertilizantes (NPK) na incidência de cigarrinhas e ácaros na cultura da batata. Insect Environ, 7:10-11.

Rahman, M., Haberman, A., Tracy, C., Ray, S., Kramer, H. (2008). Efeitos do fertilizante azotado na resistência das variedades de arroz à cigarrinha-das-pastagens. Guangdong Agric. Sci 1:25-27.

Ramani R. (2011). Estratégia nacional para o aumento da produção de lac. Questões actuais relacionadas com a produção de lac Instituto Indiano de Resina Natural e Gomas,

Namkum, Ranchi. pp. 1-3.

Ramani, R., K. K. Sharma e P. Kumar (2010). Um novo registo de ocorrência do inseto lacticida indiano, Kerria lacca (Kerr) (Coccoidea: Tachardiidae) em Euphorbia pulcherrima Willd. (Euphorbiaceae). Indian-Journal-of- Forestry. Dehra Dun, Índia. 31(2):283-284.

Ramjan K., Bashir, M. Arshad, e A. Anwar. (2012). Fluxo de aminoácidos através do pulgão e seu simbionte: estudos com glutamina marcada com 15N. Zool. Sci. 10, 787-791.

Rao AR e Singh P. (1990). Lac cultivation and marketing Indian Forest Research 166 (6), 459-463.

Rawat PS e, Mathpal KN (1984) . Effect of micronutrients yield and sugar metabolism of some of the vegetables under kumaud hill condition. Sci. Cilt. 50(8):243-244.

Rhodes JD, Croghan PC e Dixon AFG. (1996). Absorção, excreção e respiração de sacarose e aminoácidos pelo pulgão da ervilha Acyrthosiphon pisum. J. Exp. Biol. 199, 1269 -1276.

Riesen, W. A e Feller, S. J. (2005). Como uma simbiose de pulgão (Acyrthosiphon pisum) responde à variação no nitrogênio da dieta. J. Insect Physiol. 38, 301-307.

Safak Y., Delobel, B., Calatayud, P. A. e Febvay, G. (2009). Composição da seiva do floema do tremoço analisada por estilectomia de pulgões: metodologia,

variações nos constituintes principais e deteção de solutos menores. Em Aphid-Plant Interactions: from Populations to Molecules (ed. D. C. Peters, J. A. Webster e C. S. Chlouber), p. 307.

Salim, M. (2002). Alterações induzidas pelo azoto nas plantas de arroz: Efeito nas interações hospedeiro-inseto. Pakistan J. Agric. Res 17: 210-219.

Samih MA, Alizadeh A, Saberi Riseh R (2005) Pragas e doenças do pistácio no Irão e sua gestão integrada. Organização da Jihad-e-University, Teerão.

Sandstro'm, J. (2000). Qualidade nutricional da seiva do floema em relação à alternância de plantas hospedeiras no pulgão da aveia. Chemoecology 10, 17-24.

Sandstro'm, J., & Moran, N. (1999). How nutritionally imbalanced is phloem sap for aphids, Entomologia Experimental et Applicata 91, 203-210.

Sangwan D. e Raj P.R (2004) systems approach to insect pest management for upland and lowland rice farmers in tropical Asia. In: Altieri, M. (Ed.), Crop Protection Strategies for Subsistence Farmers. West view Press, Boulder, CO, pp. 45-103

Sangwan, J. D., Croghan, P. C. e Dixon, A. F. G. (2004). Sacarose dietética e síntese de oligossacarídeos em relação à osmorregulação no pulgão da ervilha, *Acyrthosiphon pisum. Physiol. Entomol.* 22, 373-379.

Sarwar M (2011) Efeitos da aplicação de fertilizante de zinco na incidência de brocas do caule do arroz (espécies *Scirpophaga*) (Lepidoptera: Pyralidae) na cultura do arroz *(Oryza sativa* L.). J Cereals Oilseeds 2: 61-65.

Satpathi C. R, (2012) Impacto do espaçamento das plântulas e do fertilizante na tremonha castanha da planta, *Nilaparvata lugens* Stal. Incidência em campos de arroz J. Biol. Chem. Research Vol. 29, No. 1: 26-36 (2012).

Schultz, J. C. (1988). Respostas das plantas induzidas por herbívoros. Trends Ecol. Evol. 3:45-49.

Scriber, J. (1984). Nutrição azotada das plantas e invasão de insectos. In: Hauck, R. (Ed.), Nitrogen in Crop Production. Sociedade Americana de Agronomia, Madison, WI.

Sequeira, R., & Dixon, A. F. G. (1997). Dinâmica populacional de afídeos em árvores: A importância da sazonalidade e da escala temporal. Ecology 78,2603-2610.

Sharma K.K. e Jaiswal AK. (2011). Avanços recentes na cultura da laca. Fator biótico que afecta a produtividade do inseto da laca. Instituto Indiano de Resina Natural e Gomas Namkum, Ranchi. pp 63-67.

Sharma, K.K., A.K. Jaiswal e K.K. Kumar (2001). Novo registo de fungos associados ao inseto lacticida indiano, K. lacca. Indian J. Ento 63(3): 369-371.

Shelp, M., Osaki, M., Rao, I.M., Tadano, T. (1995). Secreção de fitase de raízes de várias espécies em condições de deficiência de fósforo. Plant and Soil. 195 ,161-169.

Singh, R.K., Y.D. Mishra e B. Baboo (2010). Impacto da irrigação de cântaros e da cobertura morta na sustentabilidade da cultura de lactação da estação do verão (Jethwi) e resposta da poda na bérberis (Z mauritiana). Indian Forester 136(12):1709-1712.

Slansky FJ, Scriber JM.(1985). Consumo e utilização de alimentos. In: Kerkut G A, Gilbert L I. Comprehensive Insect Physiology, Biochemistry, and Pharmacology, 4. Pergamon: Oxford 1985: 87-163.

Sogawa K. (1970). Estudos sobre os hábitos alimentares da cigarrinha castanha. I. Efeitos da deficiência de azoto das plantas hospedeiras na alimentação dos insectos. Jpn. Jpn. Appl. Entomol Zool. 14:101-106.

Sogawa K. (1982). A cigarrinha do arroz: fisiologia da alimentação e interações com a planta hospedeira. Annu. Rev. Entomol 27:49-73.

Srivastava, S.C. (2011). Planta hospedeira de Lac - situação atual e distribuição. Instituto Indiano de Resina Natural e Gomas, Namkum, Ranchi pp. 73-81.

Stangoulis JCR, Reid RJ, Brown PH, Graham RD (2001) Kinetic analysis of boron transport in Chara. Planta 213, 142-146. Shelp BJ, Marentes E, Kitheka AM, Vivekanandan P (1995) Boron mobility in plants. Physiol. Plant 94, 356-361.

Teetes G. (1980). Melhoramento de sorgo resistente a insectos. In: Maxwell, F., Jennings, P. (Eds.), Breeding Plants Resistant to insects. Wiley, Nova Iorque, pp 457-485.

Thomas, M. (2012). Cultivo de Lac para melhorar o sistema ecológico micro-agro e a economia rural local em avançado em Agro-tecnologias para melhorar os sistemas de solo, planta e atmosfera. Centro de formação avançada de professores, pp. 288-289.

Thomas, M., R. Shrivastava e V.R. Khare (2010). Nationalization of lac in Madhya Pradesh: lessons learnt. Questões actuais relacionadas com a produção de lac Instituto Indiano de Resina Natural e Gomas, Namkum, Ranchi pp.25-27.

Tsui, C. (1948): O papel do Zinco na síntese de Auxina. Amer. J. Bot. 35: 173 - 179.

Warington K (1923). O efeito do ácido bórico e do bórax na fava e em algumas outras plantas. Ann. Bot. 37, 629-672.

Welling e Dixon (1987). Efeitos do fertilizante azotado na resistência das variedades de arroz à cigarrinha-das-pastagens. Guangdong Agric. Sci. 1:25-27.

Wilkinson, T. L., Ashford, D. A., Pritchard, J., & Douglas, A. E. (1997). Açúcares da melada e osmorregulação no pulgão da ervilha Acyrthosiphon pisum. 1:29-30.

Wool, D., & Ben-Zvi, O. (1998). Ecologia populacional e dinâmica de clones do pulgão Geoica wertheimae (Sternorrhyncha: Pemphigidae: Fordinae). Jornal Europeu de Entomologia 95, 509-518.

Yao, I., & Akimoto, S. (2002). Flexibilidade na composição e concentração de aminoácidos na melada do pulgão drepanosiphid Tuberculatus quercicola. Ecological Entomology 27, 745-752.

Zhang JJ, Wang LB e Li CL (2010). Caraterísticas do húmus após a degradação dos resíduos de milho no solo alterado com diferentes concentrações de cobre. Plant Soil Environ. 56:120-124.

CAPÍTULO 8

APÊNDICES

Anova para a média de ninhada de inoculados (g) por planta

Source	DF	SS	MSS	Fcal	F tab 5%	F tab 1%
Replication	3	7916.67	2638.89	1.36	3.29	5.42
treatment	5	17453.70	3490.74	1.80	2.90	4.56
Error	15	29027.78	1935.19			
Total	23	54398.15				

SEm= 22.00 CD 5%= 66.30

Anova para o número médio de insectos por 2,5 cm2 aos 30 dias após a BLI

Source	DF	SS	MSS	Fcal	F tab 5%	F tab 1%
Replication	3	173.05	57.68	0.94	3.29	5.42
treatment	5	1153.87	230.77	3.76	2.90	4.56
Error	15	919.66	61.31			
Total	23	2246.57				

SEm= 3,92 CD 5%=11,80

Anova para a sobrevivência do inseto lac (%) 45 dias após a BLI

Source	DF	SS	MSS	Fcal	F tab 5%	F tab 1%
Replication	3	22.92	7.64	1.41	3.29	5.42
treatment	5	204.30	40.86	7.53	2.90	4.56
Error	15	81.41	5.43			
Total	23	308.64				

SEm= 1,16 CD 5%=3,51

Anova para a sobrevivência do inseto lac (%) 60 dias após a BLI

Source	DF	SS	MSS	Fcal	F tab 5%	F tab 1%
Replication	3	-18837.48	-6279.16	-4.99	3.29	5.42
treatment	5	37.07	7.41	0.01	2.90	4.56
Error	15	18884.74	1258.98			
Total	23	84.33				

SEm=17,74 CD 5%= 53,48

Anova para a sobrevivência do inseto lac (%) 105 dias após a BLI.

Source	DF	SS	MSS	Fcal	F tab 5%	F tab 1%
Replication	3	-9004.37	-3001.46	-4.96	3.29	5.42
treatment	5	173.88	34.78	0.06	2.90	4.56
Error	15	9075.71	605.05			
Total	23	245.23				

SEm= 12.30 CD 5%=37.07

Anova para o número médio de Sticklac por planta na colheita

Source	DF	SS	MSS	Fcal	F tab 5%	F tab 1%
Replication	3	18.97	6.32	1.73	3.29	5.42
treatment	5	10.84	2.17	0.59	2.90	4.56
Error	15	54.98	3.67			
Total	23	84.79				

SEm= 0,96 CD 5%=2,89

Anova para o peso médio de sticklac (g) por 30 cm

Source	DF	SS	MSS	Fcal	F tab 5%	F tab 1%
Replication	3	256.38	85.46	3.75	3.29	5.42
treatment	5	766.79	153.36	6.74	2.90	4.56
Error	15	341.45	22.76			
Total	23	1364.62				

SEm= 2,39 CD 5%=7,19

Anova para o peso seco médio (g) de 100 células de inseto lac

Source	DF	SS	MSS	Fcal	F tab 5%	F tab 1%
Replication	3	0.03	0.01	0.04	3.29	5.42
treatment	5	0.78	0.16	0.68	2.90	4.56
Error	15	3.47	0.23			
Total	23	4.28				

SEm= 0,13 CD 5%=0,38

Anova para o peso seco médio de raspas de lac /30 cm de sticklac após a colheita de lac.

Source	DF	SS	MSS	Fcal	F tab 5%	F tab 1%
Replication	3	4.10	1.37	0.34	3.29	5.42
treatment	5	91.98	18.40	4.60	2.90	4.56
Error	15	60.01	4.00			
Total	23	156.10				

SEm= 0,98 CD 5%= 2,96

Anova para o rendimento médio de lacticínios crus (kg) por planta

Source	DF	SS	MSS	Fcal	F tab 5%	F tab 1%
Replication	3	0.62	0.21	1.31	3.29	5.42
treatment	5	4.95	0.99	6.25	2.90	4.56
Error	15	2.37	0.16			
Total	23	7.94				

SEm= 0,20 CD 5%=0,60

MIX
Papier aus verantwortungsvollen Quellen
Paper from responsible sources
FSC® C105338

Printed by Books on Demand GmbH, Norderstedt / Germany